U0134374

电子信息前沿技术丛书

雷达目标检测
互补波形设计
理论与方法

朱家华　黄晓涛　范崇祎　朱　敏　周智敏　著

清華大学出版社
北 京

内 容 简 介

本书系统阐述了互补波形这种理论上无旁瓣且具有高设计自由度的雷达波形在设计理论与方法中的最新研究成果。全书共 6 章,主要内容包括绪论、互补波形基础知识、互补波形传统设计方法、雷达目标检测互补波形联合设计方法、互补波形在雷达目标检测中的应用以及互补波形设计在后续研究中的若干开放性问题。

本书概括了互补波形的基本特性及其在雷达目标检测问题中的多种设计方法和应用场景,兼具理论前沿性和学术先进性。本书将雷达波形设计方法与雷达目标检测方法进行有机结合,建立并形成了雷达目标检测互补波形设计理论与方法体系,所用方法原理简单且行之有效,从波形设计的层面为雷达旁瓣抑制与目标分辨等目标检测过程中的具体问题提供新的思路和研究方向。

本书可作为高等院校信息与通信工程、电子科学与技术、海洋科学等专业本科生和研究生的参考书,同时对信息、电子领域,尤其是从事波形设计与目标检测技术研究的工程研发与技术研究人员具有较大参考价值。

图书在版编目(CIP)数据

雷达目标检测互补波形设计理论与方法/朱家华等著. —北京:清华大学出版社,2024.1
(电子信息前沿技术丛书)
ISBN 978-7-302-61035-9

Ⅰ. ①雷… Ⅱ. ①朱… Ⅲ. ①雷达目标－目标检测－波形设计 Ⅳ. ①TN951

中国版本图书馆 CIP 数据核字(2022)第 098426 号

责任编辑:文 怡
封面设计:王昭红
责任校对:郝美丽
责任印制:曹婉颖

出版发行:清华大学出版社
  网   址:https://www.tup.com.cn,https://www.wqxuetang.com
  地   址:北京清华大学学研大厦 A 座 邮 编:100084
  社 总 机:010-83470000 邮 购:010-62786544
  投稿与读者服务:010-62776969,c-service@tup.tsinghua.edu.cn
  质量反馈:010-62772015,zhiliang@tup.tsinghua.edu.cn
  课件下载:https://www.tup.com.cn,010-83470236
印 装 者:小森印刷霸州有限公司
经 销:全国新华书店
开 本:170mm×230mm 印 张:11 字 数:127 千字
版 次:2024 年 1 月第 1 版 印 次:2024 年 1 月第 1 次印刷
印 数:1~1500
定 价:59.00 元

产品编号:093270-01

序

PREFACE

雷达作为军事领域预警侦察监视的一种重要工具,其对战场环境中各类目标的发现跟踪与分辨能力将直接影响作战效能,甚至战争的走向。因此,如何有效提升雷达目标检测与分辨性能一直是现代战争中预警侦察监视的重点、难点问题之一。

本书瞄准雷达目标检测技术前沿发展趋势,从波形设计的角度对雷达目标检测互补波形设计理论与方法进行了系统深入的研究和科学总结,不仅深入浅出地介绍了互补波形的基本性质、生成方法和发射与接收流程,还重点研究阐述了若干种互补波形联合设计方法及其在海杂波和分布式多基地雷达等设想应用场景中的主要问题。作者长期从事波形设计与目标检测相关理论与技术的研究,取得了重要创新学术成果,发表了一系列高水平论文,多次在国际学术会议上做特邀报告。本书是作者科研成果的系统总结。总体而言,本书内容安排合理,深浅相宜,具有前沿性、创新性、系统性和实际应用价值,既可作为高等院校信息与通信工程、电子科学与技术、海洋科学等专业本科生、研究生的入门读物,也可供雷达领域(尤其是波形设计与目标检测方向)的理论技术研究人员与工程研发人员参考。

鉴于雷达波形设计与目标检测理论在预警监视、反导制导等军事领域与智能交通、智慧城市等民用领域的广泛应用,相信本书的出版将有助于研究人员了解与掌握波形设计与目标检测领域的新兴研究工作,并促进国内波形设计与目标检测理论与技术的进步与实际应用。

2023 年 11 月

在雷达目标检测问题中,如何有效检测和分辨场景中的目标是打赢现代化、信息化战争的关键技术之一。其中,若能从雷达波形设计的层面设计具有类似于冲激函数的自相关函数,就能够从信号本身入手,思路简单而又行之有效地提升目标检测与分辨性能。互补波形作为一种理论上完全无旁瓣且具有高设计自由度的雷达波形,为实现自相关函数的冲激性提供了原理上的可能。目前,国内外关于互补波形设计的研究层出不穷,涉及互补波形序列形式设计、发射顺序设计、接收端权重设计等一系列研究方向,在多目标检测、分布式多基地目标检测和高速目标检测等领域逐渐展现出独特的优势。

本书内容源于作者所在团队的研究成果,旨在探索互补波形设计方法在雷达目标检测问题中的各种应用,重点对互补波形基本概念与传统设计方法、雷达目标检测问题中的互补波形联合设计方法、互补波形在雷达目标检测中的应用等科学问题进行了深入讨论,为互补波形设计技术的发展提供了理论基础与应用示例参考。

在撰写本书过程中,作者得到了雷达波形设计、目标检测与高性能计算等领域专家的无私指导和鼎力支持,在此向他们表示衷心感谢。衷心感谢澳大利亚科学院院士、墨尔本大学 William Moran（威廉·莫兰）教授和皇家墨尔本理工大学 Xuezhi Wang（王学智）高级研究员在作者留学期间和回国后研究互补波形设计方法时提供的理论指导和建议。特别鸣谢空军预警学院王永良院士在百忙之中阅读了全书并为本书作序。感谢国防科技大学廖湘科院士、王雪松教授、万建伟教授、李东升研究员、付强教授、匡纲要教授、许可副教授、宋勇平助理研究员、姜南博士、谢壮博士，电子科技大学何子述教授，湖南大学黎福海教授，中南大学李宏教授，海军潜艇学院笪良龙教授，哈尔滨工程大学朴胜春教授等给予的宝贵意见与帮助。感谢清华大学出版社文怡副编审在本书出版过程中所做的大量细致工作。此外，本书得到了国家自然科学基金项目（No. 62101573）、湖南省自然科学基金项目（No. 2020JJ5677）以及国防科技大学科研计划项目（No. ZK20-35）资助。

本书研究的互补波形以雷达发射信号的角度为切入点，对雷达目标检测问题进行了若干种新设计方法的尝试，这为战场环境中目标的有效检测与分辨提供了一个新的探索方向。然而，互补波形的优越性质能否有效发挥较大地依赖于所选设计方法的稳健性，并且由于目前研制能够达到发射该波形要求的雷达系统尚存在一定难度，因此互补波形设计理论与方法走向实际应用的过程仍需要不断思考和研究。

鉴于作者水平有限，本书中难免存在错误与不足之处，恳请广大读者批评指正。

朱家华

2023 年 11 月于长沙·国防科技大学

目录

CONTENTS

第1章

绪　　论

1.1　互补波形的起源

雷达作为一种无线电遥感设备，可以实现全天时、全天候的目标检测与跟踪[1-2]，一直以来在军用和民用方面都受到了广泛的关注和研究。但是，目标探测环境在电磁和地理上的复杂多变会严重削弱雷达对目标的探测性能[3]。现有研究表明，合理设计雷达波形可以有效提升目标的探测能力，并由此引申出了一个重要的雷达研究方向——雷达波形设计与分集（waveform design and diversity）[4]。它主要通过在不同的领域，如时域[5]、频域[6]、极化域[7]、编码域[8]等对雷达波形进行设计和分集，以实现复杂条件下更好的目标探测。

常用的雷达波形种类繁多。雷达波形的信号形式可以按照发射方式分为连续波信号和脉冲信号两类，而脉冲信号可以基于单个脉冲定义单脉冲信号，也可以基于多个脉冲定义脉冲串信号。不论是连续波信号还是脉冲信号,都可以根据有无幅度、频率调制和相位编码来进一步划分。其中,频率调制可以是线性调制,也可以是非线性调制;相位编码可以是二相编码,也可以是多相编码。上述的调制/编码手段可以针对单脉冲进行脉内调制/编码,也可以针对多脉冲进行脉间调制/编码,亦可以两种方式兼有[9]。文献[10]中详细介绍了各种常用雷达波形信号的种类和特点,这里不再赘述。

　　事实上,不同的雷达波形的设计与分集方案对雷达系统的各项性能都有着重要影响[11]。通常来说,大带宽信号可以实现目标在距离向上的高分辨,但为了增大雷达的探测距离,通常又需要发射大时宽信号来增加信号能量,因此具有大时宽带宽积的信号能同时满足雷达探测距离与目标距离分辨率的要求。若环境和通道间存在干扰,可以利用频率分集的信号对其进行有效抑制。在实际应用中,采用不同信号形式的雷达系统也具有不同的目标探测效果。例如,为解决墙后目标的情报监控问题,以色列设计生产了 Camero Xaver 800 雷达这样一款穿墙雷达;它通过发射超宽带脉冲信号获得了小于 0.2m 的目标距离分辨率[12],其有效目标探测距离一般不超过 20m。南非的 Ngada RSR 950 雷达是一款战场侦察雷达,其目的是实现战场上的隐蔽监视与远距离监控;它发射线性调频连续波信号,对各类运动目标的有效探测距离分别为:人员 12km,小型车、直升机 15km,装甲车 20km,坦克 27km,并且可以达到不超过 2m 的距离分辨率[13]。德国的 ASR910 雷达是一款机场监视雷达,为了减少机场中特定频率的电磁干扰,它在两个通道中发射具有不同载频的频率分集信号,可以探测 60km 以内、高度达到 3km 的各类飞机的距离和方向,其有效探测距离最大可达 111km[14]。通过上述讨论分析可以发现,雷达波形的设计与分集紧密依赖于雷达需要完成的任务。

随着现代雷达系统的分辨率越来越高,多目标分辨成为一项可以实现的雷达任务。匹配滤波技术为完成这一任务扮演着重要的角色,并在现代雷达系统中得到了广泛应用。信号经过匹配滤波之后,会在目标时延处出现峰值,在没有旁瓣的情况下可以获得很高的目标分辨率,这使得各个目标能够被有效区分。影响目标分辨率的关键问题之一就是旁瓣,通常是由于发射信号的带宽受限,导致接收回波经匹配滤波后目标的能量在其邻近距离分辨单元内发生了扩散。旁瓣会对雷达检测目标产生不良影响,主要体现在:①弱目标有可能被淹没在由强目标产生的旁瓣中;②目标能量在邻近距离分辨单元内的扩散有可能导致虚假目标的出现[15]。传统的雷达发射信号,如线性调频(linear frequency modulation,LFM)信号、步进频(step frequency)信号、跳频(frequency hopping)信号以及正交频分复用(orthogonal frequency division multiplexing,OFDM)信号等在匹配滤波后,距离向上都会出现较为显著的旁瓣[16-19]。由于匹配滤波本质上是发射信号的自相关过程,如果可以发射一个信号,使其具有类似于冲激函数的自相关函数,就能够为上述问题提供一个原理简单而又有效的解决方法,且具有很大的潜在应用价值与实际意义。

为了尽量降低信号自相关函数的旁瓣,研究人员提出了一种采用一串单位能量的二相或多相序列(有时也可认为是二进制或多进制序列)对脉冲进行相位编码技术,称为相位编码技术。早期,人们研究更多的是设计和搜索具有低自相关函数旁瓣的二相序列。但限于当时的计算能力,研究的序列位数长度较短,通常不超过 10^3 量级。而后,随着计算能力的提高,逐渐出现了关于多相序列的研究,以及更长位数长度(超过 10^6 量级)的序列设计。相位编码技术研究的主要代表学者及其贡献整理如表 1.1 所示,其中 Barker 码与 Frank 码作为二相/多相序列的典型代表,早已广泛应用于雷达波形设计。上述研究表明,可以通过控制序列的自相关函数来控制整个脉冲的自相关函数,降低自相关函数的旁瓣。然而,现有的研究成果只是尽量降低自相关函数旁瓣,文献[38]指出仅通过一串二相或多相序列,无论如何设计也无法完全消除旁瓣,使其自相关函数在理论上呈现为冲激函数。因此,有学者想到了利用两串或以上的单位能量序列来处理它们的自相关函数,并确实发现了存在这样的多串单位能量序列,它们自相关函数之和等于冲激函数。研究人员将这样的多串单位能量序列命名为“互补序列”(complementary sequence)(有时也称为“互补码”,complementary code),并在多年的研究过程中逐步形成了采用互补序列来进行相位编码与雷达波形设计的研究思路[39-43]。

表 1.1　利用波形编码技术产生具有低自相关函数旁瓣的
序列研究的代表学者及其贡献

代表学者	贡　　献	年　份
二相序列		
R. H. Barker	提出了 Barker 码(二相序列),并对二进制数字系统的群同步进行研究[20]	1953
S. Golomb, R. Scholtz	提出了广义 Barker 码的概念,将 Barker 码的码元形式扩展到复数情况[21]	1965
M. J. Golay	提出了一种产生具有奇数个 ± 1 的有限长度的二进制序列,其自相关函数序列中第奇数个指针的值为 $0^{[22]}$;而后设计了 4 级筛选方法(sieve)来获得更长的具有低自相关函数旁瓣的二进制序列[23]	1972— 1977

续表

代表学者	贡 献	年 份
二相序列		
S. Mertens	为搜索具有低的非周期性自相关函数旁瓣二进制序列设计了一种耗时和计算量相对传统计算机搜索方法更少的穷举搜索（exhaustive search）方法[24]	1996
S. Kocabas, A. Atalar	提出了一种进化算法（evolutionary algorithm），并用此算法找到3类适合在数字通信系统中进行同步的位数长度为49～100的二相序列[25]	2003
J. Jedwab	研究了关于二进制序列的"效能因子"（merit factor）问题，采用"渐近效能因子"（asymptotic merit factor）这一指标来统一分析和评价了不同种类的二进制序列的自相关函数旁瓣量级[26]	2004
S. Wang	提出了一种探索式搜索（heuristic search）方法——深度可变迭代（iterated variable depth search）算法来找到给定长度的二进制序列中自相关函数旁瓣最小的序列[27]	2008
多相序列		
R. L. Frank	提出了Frank码（多相序列），具有低的非周期性自相关函数旁瓣，验证了其相对传统二相序列在自相关函数旁瓣方面的优势[28]	1963
D. C. Chu	在Frank码的基础上提出了一种具有低的周期性自相关函数旁瓣的多相序列的生成方法[29]	1972
N. Zhang, S. Golomb	基于Frank和Chu的工作提出了一种多相序列，验证了其完全没有周期性自相关函数旁瓣，并具有与Frank码类似的非周期性自相关函数旁瓣性能[30]	1993

续表

代表学者	贡　　献	年　份
多相序列		
J. S. Pereira, H. J. A. da Silva	通过对 Chu 设计的多相序列族进行逆傅里叶变换得到了广义 Chu 序列族,该序列族比 Chu 序列族多一串序列,并且同样具有低的周期性自相关函数旁瓣[31]	2009
C. J. Nunn, G. E. Coxson	采用随机优化技术找到了位数长度为 $46\sim80$ 的具有最佳积分旁瓣电平(integrated sidelobe level)的多相序列[32]	2009
M. Soltanalian, P. Stoica	提出了一种迭代扭曲近似(iterative twisted approximation)的计算模型,可用于获得具有很好的周期性和非周期性相关性能的序列或互补序列[33]	2012
更长位数长度序列		
P. Stoica, H. He,J. Li, et al	设计了一种可以生成位数长度为 10^6 量级以上的单位能量序列,具有低的非周期性积分旁瓣电平和类似于冲激响应的周期性自相关函数[34-35]	2009
W. H. Mow, K. L. Du, W. H. Wu	基于遗传算法(genetic algorithm)、进化理论(evolutionary strategy)和模因算法(memetic algorithm)等为位数长度更长的二进制序列设计了一种搜索方法[36]	2015
J. Song, P. Babu, D. P. Palomar	提出了一种通过直接最小化积分旁瓣电平来降低自相关函数旁瓣的序列设计算法,该算法具有与优化最小化算法(majorization-minimization algorithm)一致的单调性,并且可以利用快速傅里叶变换来节省操作时间[37]	2015

1.2 互补波形设计方法国内外研究现状

互补序列可以在理论上完全消除信号匹配滤波后产生的旁瓣，获得雷达在距离向上的高分辨率。使之具有这个效果的一项重要性质是其各序列自相关函数之和会输出一个冲激函数，我们将这个性质称为"互补性"（complementarity）。将互补序列进行基带调制后，可以作为雷达的一种发射波形，称为"互补波形"（complementary waveform）[44]。就目前来看，比较著名的一种互补序列是由 Marcel Golay 于 1961 年提出的采用两串二进制序列组成的互补序列，也称为"格雷互补序列"（Golay complementary sequence）或"格雷对"（Golay complementary pair）。图 1.1 直观地展示了格雷对及其自相关函数的性质。

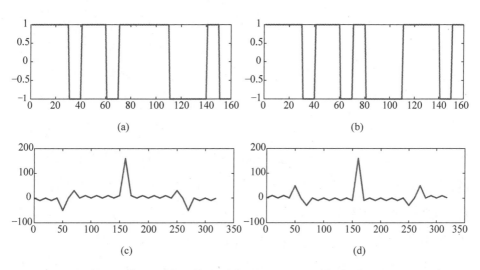

图 1.1 格雷对及其自相关函数性质展示：(a)、(b)为格雷对包含的两串二进制序列，(c)、(d)为它们各自的自相关函数序列，(e)展示了自相关函数之和的结果

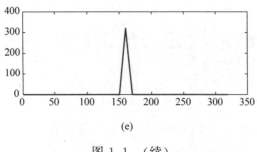

(e)

图 1.1 　(续)

　　1972 年，C. C. Tseng 和 C. L. Liu 将格雷对的概念扩展到互补组序列（complementary sets of sequence）[43]；1978—1980 年，R. Sivaswamy 和 R. Frank 基于 Golay、Tseng 以及 Liu 等的工作开发出了多相互补序列（multiphase/polyphase complementary sequence）[45-46]。

　　获得具有不同位数长度的互补序列通常需要采用不同的生成方法。范平志和 M. Darnell 等系统性地归纳了若干格雷互补序列的生成方法如交织、级联和 Kronecker 积扩展等，并给出了一种能够生成所有位数长度为 2 的幂次方的格雷互补序列的迭代扩展方法[47-48]。但是文献[49]的研究表明，长度不为 2 的幂次方的格雷互补序列无法通过位数长度较短的序列迭代扩展得到。对于这类格雷互补序列，C. Y. Chen 设计了一种基于 Boolean 函数的生成方法[50-51]。另外，位数长度为 2 的幂次方的互补组序列与正交互补组序列的生成方法在文献[43]中已经有详尽叙述。Z. Wang、E. Xue 和 J. Chai 等基于文献[52]的工作提出了一种串联格雷互补序列或互补组序列的方法来生成位数长度为非 2 的幂次方的互补组序列[53]，而位数长度为非 2 的幂次方的正交互补组序列的生成方法近年来也取得了可观的研究进展，包括利用正交矩阵生成、直接通过一般互补序列扩展生成等方法[54-56]。

　　互补序列在应用方面的早期研究主要集中于数据通信（data

communication)。1988 年,N. Suehiro 和 M. Hatori 在文献[43]的基础上开展了进一步研究,提出了完全互补序列/码(complete complementary sequences/code)的概念,并将其用于同步扩频多用户通信(synchronous spread spectrum multiuser communication)[57]。注意,完全互补序列的概念虽然是互补组序列的扩展研究,但事实上,这两者的性质和应用效果十分接近(读者可以对比文献[58-60]中的结果),可以认为完全互补序列是互补组序列的一种表现形式,因此后文中将仍沿用 Tseng 和 Liu 提出的互补组序列这一概念进行分析。从 20 世纪 90 年代开始,互补序列广泛用于 OFDM 系统方面的研究。研究人员发现,利用互补序列对 OFDM 系统进行编码可以有效减小 OFDM 信号的峰均包络功率比(peak-to-mean envelope power ratio,PMEPR)[61-63]、控制 OFDM 系统的功率[52,64-67]。互补序列也可以作为一种导频信号(pilot signal)来进行各类 OFDM 系统的信道估计[68-71],并且可以用于提升 OFDM 系统中的编码速率(code rate)[72]。差不多在同一时期,正交互补序列被发现可以用于抑制多载频码分多址(code-division multiple access,CDMA)技术中多径和多址引起的干扰[73-77]。

1988 年,F. F. Kretschmer 和 K. R. Gerlach 提出了将互补序列应用到雷达领域的设想和分析[78]。1992—1993 年,A. K. Ojha 和 D. B. Koch 研究了互补波形在目标振荡和噪声环境下的峰值旁瓣比(peak-to-sidelobe ratio,PSLR)和积分旁瓣比(integrated-to-sidelobe ratio,ISLR)性能[79-80]。2002 年,P. Zulch、M. Wicks 及 B. Moran 等设计了一组基于修正的普罗米修斯标准正交组(Prometheus orthonormal set)技术生成的、由 4 串序列组成的互补波形组,并从模糊函数(ambiguity function)的角度分析了其相比其他发射波形的优越性[81]。2006 年前后，A. R. Calderbank、S. D. Howard 和 W. Moran 等将格雷互补波形与 S. M. Alamouti 提出的无线通信传输分集技术[82]相结合，使之可以在多信道和全极化雷达系统中进行脉冲压缩[83-85]。2008 年，S. Searle、S. D. Howard 和 B. Moran 研究了互补波形组在收发共置的多输入/多输出（multi-input multi-output，MIMO）雷达上的应用[86]。2009 年，N. Levanon 发现互补波形在非相干脉冲压缩（noncoherent pulse compression）过程中可以获得很低的 PSLR[87]。同年，Y. Chi、A. R. Calderbank 和 A. Pezeshki 研究了格雷互补波形的雷达成像问题，他们利用匹配滤波后的稀疏性来获得时延和多普勒上的高分辨率[88]。2010 年，P. E. Pace 和 C. Y. Ng 研究发现采用格雷互补序列编码的频率捷变信号能够在雷达回波中获得比采用 Barker 码编码的频率捷变信号更低的峰值旁瓣[89]。2013 年，S. Suvorova、S. D. Howard 和 B. Moran 分析了互补波形在目标跟踪方面的性能[90]。2016 年，A. Seleym 发表了将互补序列调制在 LFM 波形上进行合成孔径成像的初步研究结果[91]；2017 年，V. Koshevyy 与 V. Popova 探讨了互补波形组（complementary sets）在航海雷达（marine radar）上的应用[92]。

1.3　互补波形设计的难点与挑战

尽管互补序列/波形体现出了众多引人注目的性质和潜在的应用前景，在雷达的信号处理过程中，互补序列/波形面临的一个主要难题是其互补性对多普勒频移造成的自相关函数的失配非常敏感[38]，这使得互补波形尽管在模糊函数或时延-多普勒图像（delay-

Doppler map)的零多普勒轴上实现了无旁瓣,但在其他区域却存在显著的旁瓣。前面论述的各类互补序列,包括多相互补序列和互补组序列等,都不同程度地遇到了这一相同的问题。通常,影响互补波形在时延-多普勒图像中的旁瓣分布的因素有二:①互补波形本身的序列形式;②互补波形的发射顺序与接收端权重设计。

人们更早注意到了第一个因素,并基于格雷互补序列提出了一系列措施来减小其影响。1978 年,R. Sivaswamy 设计了一类近似互补序列(near complementary sequence),称为"准互补序列"(sub complementary sequence),该序列对多普勒频移的影响具有一定的容忍性[45,93]。之后几年里,B. M. Popović 和 S. Z. Budišin 给出了一般化的准互补序列生成方法,并指出采用该方法生成的准互补序列相比 Sivaswamy 的方法有更进一步减小自相关函数和模糊函数旁瓣的可能[94]。1998 年,J. C. Guey 与 M. R. Bell 深入研究了相位调制序列为准互补序列的充要条件[95]。2003 年,O. Ghebrebrhan、H. Luce 和 M. Yamamoto 等进一步验证了准互补序列在中高层气象雷达(middle and upper atmosphere radar)的风观测(wind observation)结果中具有比未经编码调制的简单脉冲和互补序列更高的平均信噪比(signal-to-noise ratio,SNR)[96]。2007 年,P. Fan、W. Yuan 及 Y. Tu 定义了一种"Z 互补序列"(Z-complementary sequence)[97-98],并发现传统的格雷互补序列是 Z 互补序列的一种特殊情况。目前已有众多学者参与研究了关于 Z 互补序列以及各类扩展的 Z 互补序列的生成方法[99-103],以使之在非零多普勒上具有更低的旁瓣[104]。上面的方案主要是通过直接设计序列本身、改变传统格雷互补序列的根本性质(造成了序列互补性的改变)来使其具有对多普勒频移的容忍性,但是信号本身的改变通常也会带来硬件系统的调整,提高发射信号的成本。因此,近年来人们开始逐渐将思考方向拓展至第二个因素。

关于第二个因素,A. Pezeshki 和 A. R. Calderbank 等于 2007 年左右发现,在雷达波形设计中,合理选择格雷互补波形中各序列的发射顺序也会明显地影响时延-多普勒图像中的旁瓣水平,并且相对于直接设计序列本身更加方便[38,44,105]。他们提出了一种针对格雷互补波形的普洛黑—修—莫尔斯(Prouhet-Thue-Morse,PTM)发射序列,即采用 PTM 序列来决定各脉冲中格雷互补波形的发射顺序(称为"PTM 设计方法")。这种方法可以有效抑制时延-多普勒图像中零多普勒线附近的距离旁瓣。2008—2013 年,S. Suvorova、S. Howard 和 B. Moran 等对格雷互补波形发射顺序的旁瓣抑制性能开展了进一步的深入研究,他们基于一阶里德—穆勒序列研究了一种可以使某个给定的多普勒值附近的旁瓣被抑制到最小值的格雷互补波形发射顺序设计方法(称为"一阶里德—穆勒序列方法")[106],并指出 PTM 设计方法是该方法中多普勒为 0 的一种特殊情况。在 PTM 设计方法的基础上,J. Tang 和 H. D. Nguyen 等为互补波形组的发射顺序设计方法做出了主要贡献。他们在 PTM 设计方法的基础上,研究了一种针对互补波形组的发射顺序设计方法,称为广义 PTM(generalized PTM,GPTM)设计方法,并获得了比 PTM 设计方法更好的旁瓣抑制效果(模糊函数旁瓣部分的更高阶导数为 0)[107-108]。另外,改变格雷互补波形在接收端各脉冲匹配滤波时的权重也可以获得令人满意的旁瓣抑制效果。例如,W. Dang 和 N. Levanon 等分别利用二项式系数和海明(Hamming)窗函数对格雷互补波形接收端各脉冲进行了加权(采用二项式系数的方法称为"二项式设计方法"),两种方法均在时延-多普勒图像上获得了很大的旁瓣抑制区域[109-111]。2016—2019 年,朱家华等基于 PTM 设计方法提出了三种格雷互补波形发射顺序设计方法和两种互补波形组接收端权重设计方法,然后针对现有 PTM 设计方法和二项式设计方法不能同时使用的问题,研究了发射顺序与接收端权重的非线性与线性联合设计方法及其性能,同时分析了两类波形分别在海杂波和多基地场景下的应用能力[59-60,112-115]。J. Wang 等在 2019 年继续将朱家华等的成果扩展到了与频域二项式设计方法的非线性联合,并获得了更高的目标分辨率[116]。2020 年,Z. Wu 等在二项式设计方法的基础上研究了一种基于松弛的半正定规划的格雷互补波形发射顺序与接收端权重联合设计方法,在控制信噪比损失的条件下实现了更多样化旁瓣分布控制[117];此外,他们将此项工作进一步扩展到了互补波形组,实现了约束峰均功率比(peak-to-average power ratio)情况下对互补波形组的多样化旁瓣控制[118]。之后,W. Dang 等基于前期工作进一步研究了使信噪比最大的格雷互补波形发射顺序与接收端权重联合设计方法[119]。

通过改善发射信号波形来抑制距离旁瓣的影响这一技术问题从 20 世纪六七十年代至今,形成了选用传统发射波形、设计编码波形、设计格雷互补波形序列形式、设计格雷互补波形发射顺序、设计格雷互补波形接收端权重、设计互补波形组发射顺序、同时设计格雷互补波形发射顺序与接收端权重、同时设计互补波形组发射顺序与接收端权重等一系列重要研究方向。虽然前人主要研究过的格雷互补波形发射顺序与接收端权重设计方法在很大程度上弱化了格雷互补波形对多普勒频移的敏感程度,但现有方法仍然存在以下难点和挑战,导致目前还难以满足雷达多目标检测的需求。

(1) 现有的互补波形发射顺序设计方法,如 PTM 设计方法、一阶里德—穆勒序列方法和广义 PTM 设计方法等,通常都只能对单个目标或多个具有接近多普勒值的运动目标实现较好的旁瓣抑制效果,但当场景中存在若干多普勒值差距较大且幅度不一的运动目标时,幅度较弱的目标仍然可能被淹没在强目标的旁瓣中。

（2）现有的互补波形接收端权重设计方法,如二项式设计方法等（由于采用海明窗函数加权等其他接收端加权类方法的原理与二项式设计方法类似,仅获得的旁瓣抑制区域有所不同,因此在后文中对其他接收端加权类方法不进行过多比较）,在获得大的旁瓣抑制区域的同时也严重恶化了目标的多普勒分辨率,且使得弱目标有可能淹没在强目标产生的旁瓣中,这将导致位置和速度较为接近的多个目标难以在时延-多普勒图像中被直观分辨;另外,二项式设计方法还会显著降低目标的多普勒分辨率以及 SNR。

（3）虽然设计发射顺序和接收端权重能分别获得较好的目标分辨与旁瓣抑制效果,然而对互补波形同时采用现有的发射端和接收端设计方法并不能获得综合两者优点的旁瓣抑制与目标分辨性能。因此,合理地结合两类方法的优势以同时获得较好的旁瓣抑制与目标分辨性能,是一个值得研究改进的问题。

（4）互补波形在目标检测中的应用问题需要进一步分析与讨论。之前关于互补波形的成果大部分都是基于理想情况的仿真分析,且鉴于理论和仿真已经获得了令人满意的结果,有必要考察互补波形在更贴近实际的目标检测场景下的旁瓣抑制与目标分辨性能以及可能出现的问题。

1.4　本书主要内容安排

本书以提高互补波形的旁瓣抑制与目标分辨性能为目的,针对互补波形在目标检测问题中的联合设计方法进行了深入研究,并通过与目前常用的雷达波形方案进行比较验证了本书研究成果的有效性。全书的主要工作与结构安排如下:

第1章为绪论。首先讨论了互补波形的起源;在归纳了互补波形设计方法的国内外研究现状后,分析了目前互补波形设计存在的难点和挑战;然后列出了本书的主要内容安排。

第2章为互补波形基础知识。分别介绍了格雷互补波形与互补波形组的性质、典型生成方法和发射与接收流程,并对一般互补波形组和特殊互补波形组这两类不同生成方法得到的互补波形组进行了定义;这是对互补波形基本概念的简要回顾,为后续章节奠定理论基础。

第3章为互补波形传统设计方法。本章首先介绍了格雷互补波形的传统设计方法,讨论了格雷互补波形发射端设计方法,分析了格雷互补波形接收端设计方法;然后类似地分析了互补波形组的传统设计方法,分别从发射端和接收端两个角度讨论分析了互补波形组的设计方法,并直观展示了一般互补波形组和特殊互补波形组的性能差异。

第4章为雷达目标检测互补波形联合设计方法。本章是全书的核心内容,基于前面介绍的互补波形设计方法对格雷互补波形和互补波形组的目标检测问题,分别研究综合发射端和接收端设计方法优势的联合设计方法,对方法计算量、旁瓣抑制和目标分辨、检测概率等性能进行分析,同时讨论互补波形组生成方法对旁瓣抑制性能的影响,并通过若干组固定与随机目标检测场景的仿真结果对理论分析进行了更直观的解释,验证了所提方法的有效性。

第5章为互补波形在雷达目标检测中的应用。本章分别为格雷互补波形和互补波形组的目标检测问题设计了两个实际应用场景。首先对格雷互补波形研究了海杂波情况下的目标检测问题,验证了格雷互补波形目标检测简化联合设计方法对海杂波的抑制能力及相较于 LFM 信号更优的旁瓣抑制和目标检测性能;然后对互补波形组研究了分布式多基地雷达中的目标检测问题,建立了基于互补波形组的分布式多基地雷达系统模型,讨论了信号载频抖动与初始相位变化对目标距离像中旁瓣水平的影响。

第 6 章为若干开放性问题。本章对后续研究中的若干开放性问题进行了阐述与展望,如互补波形设计过程中的多普勒分辨率提升问题、互补波形对高速目标检测性能的研究、互补波形实测数据验证以及互补波形在其他传播介质中的应用研究等。

参考文献

［1］ Skolnik M I. Introduction to radar systems［M］. NY:McGraw-Hill Education,2001.

［2］ Currie N C. Radar reflectivity measurement:techniques and applications［M］. MA:Artech House,1989.

［3］ 葛鹏.基于知识辅助的雷达波形设计算法研究［D］.成都:电子科技大学,2017.

［4］ Gini F,Maio A D,Patton L. Waveform design and diversity for advanced radar systems［M］. London:The Institution of Engineering and Technology,2012.

［5］ Fink J,Jondral F K,Bächle T,et al. Ultrawideband radar time domain simulation for the analysis of coherent signal processing techniques［C］. 14th International Radar Symposium (IRS),2013:1019-1024.

［6］ Zhang Y X,Hong R J,Pan P P,et al. Frequency-domain range sidelobe correction in stretch processing for wideband LFM radars[J]. IEEE Transactions on aerospace and electronic systems，2017，53（1）：111-121.

[7] Kimura H. Radar polarization orientation shifts in built-up areas[J]. IEEE Geoscience and Remote Sensing Letters，2008，5（2）：217-221.

[8] Akita M，Watanabe M，Inaba T. Development of millimeter wave radar using stepped multiple frequency complementary phase code and concept of MIMO configuration[C]. 2017 IEEE Radar Conference（RadarConf），2017：129-134.

[9] 辛凤鸣. 雷达自适应波形优化研究[D]. 沈阳：东北大学，2015.

[10] 张明友，汪学刚. 雷达系统[M]. 4版. 北京：电子工业出版社，2013.

[11] 王璐璐. 基于信息论的自适应波形设计[D]. 长沙：国防科学技术大学，2015.

[12] Taylor J D. 超宽带雷达系统与设计[M]. 胡明春，王建明，孙俊，等译. 北京：电子工业出版社，2017.

[13] 雷鹏正. 树林环境下多站低频地基雷达运动目标检测技术研究[D]. 长沙：国防科学技术大学，2015.

[14] Wolff C. Radar Basics：ASR-910[Z]，2009.

[15] 张天贤. 距离旁瓣抑制的波形设计算法研究[D]. 成都：电子科技大学，2015.

[16] Picciolo M，Griesbach J D，Gerlach K. Adaptive LFM waveform diversity[C]. 2008 IEEE Radar Conference，2008：1-6.

[17] Gill G S，Huang J C. The ambiguity function of the step frequency radar signal processor［C］. Proceedings of International Radar Conference，1996：375-380.

[18] Zhang Y，Wang J. Design of frequency-hopping waveforms based on ambiguity function[C]. 2nd International Congress on Image and Signal Processing，2009：1-3.

[19] 范崇祎. 单/双通道低频SAR/GMTI技术研究[D]. 长沙：国防科学技术大学，2012.

[20] Barker R H. Group synchronizing of binary digital systems［J］. Communication Theory. 1953：273-287.

[21] Golomb S，Scholtz R. Generalized barker sequences[J]. IEEE Transactions on Information Theory，1965，11（4）：533-537.

[22] Golay M. A class of finite binary sequences with alternate auto-correlation values equal to zero (Corresp.)[J]. IEEE Transactions on Information Theory,1972,18 (3): 449-450.

[23] Golay M. Sieves for low autocorrelation binary sequences [J]. IEEE Transactions on Information Theory,1977,23 (1): 43-51.

[24] Mertens S. Exhaustive search for low-autocorrelation binary sequences [J]. Journal of Physics A: Mathematical and General,1996,29 (18): 473-481.

[25] Kocabaş Ş,Atalar A. Binary sequences with low aperiodic autocorrelation for synchronization purposes[J]. IEEE Communications Letters,2003,7 (1): 36-38.

[26] Jedwab J. A survey of the merit factor problem for binary sequences [C]. Proceedings of the Third International Conference on Sequences and Their Applications,2004: 30-55.

[27] Wang S. Efficient heuristic method of search for binary sequences with good aperiodic autocorrelations[J]. Electronics Letters,2008,44 (12): 731-732.

[28] Frank R. Polyphase codes with good nonperiodic correlation properties[J]. IEEE Transactions on Information Theory,1963,9 (1): 43-45.

[29] Chu D. Polyphase codes with good periodic correlation properties (Corresp.)[J]. IEEE Transactions on Information Theory, 1972, 18 (4): 531-532.

[30] Zhang N,Golomb S W. Polyphase sequence with low autocorrelations[J]. IEEE Transactions on Information Theory,1993,39 (3): 1085-1089.

[31] Pereira J S,da Silva H J A. Generalized Chu polyphase sequences[C]. 2009 International Conference on Telecommunications,2009: 47-52.

[32] Nunn C J,Coxson G E. Polyphase pulse compression codes with optimal peak and integrated sidelobes [J]. IEEE Transactions on Aerospace and Electronic Systems,2009,45(2): 775-781.

[33] Soltanalian M,Stoica P. Computational design of sequences with good correlation properties[J]. IEEE Transactions on Signal Processing, 2012,60 (5): 2180-2193.

[34] Stoica P,He H, Li J. New algorithms for designing unimodular sequences with good correlation properties[J]. IEEE Transactions on

Signal Processing,2009,57(4): 1415-1425.

[35] Stoica P,He H,Li J. On designing sequences with impulse-like periodic correlation[J]. IEEE Signal Processing Letters,2009,16(8): 703-706.

[36] Mow W H,Du K L, Wu W H. New evolutionary search for long low autocorrelation binary sequences[J]. IEEE Transactions on Aerospace and Electronic Systems,2015,51(1): 290-303.

[37] Song J,Babu P, Palomar D P. Optimization methods for designing sequences with low autocorrelation sidelobes[J]. IEEE Transactions on Signal Processing,2015,63(15): 3998-4009.

[38] Pezeshki A,Calderbank A R, Moran W,et al. Doppler resilient Golay complementary waveforms [J]. IEEE Transactions on Information Theory,2008,54(9): 4254-4266.

[39] Golay M. Complementary series[J]. IRE Transactions on Information Theory,1961,7 (2): 82-87.

[40] Turyn R. Ambiguity functions of complementary sequences (Corresp.) [J]. IEEE Transactions on Information Theory,1963,9 (1): 46-47.

[41] Welti G. Quaternary codes for pulsed radar[J]. IRE Transactions on Information Theory,1960,6 (3): 400-408.

[42] Taki Y,Miyakawa H,Hatori M,et al. Even-shift orthogonal sequences [J]. IEEE Transactions on Information Theory,1969,15 (2): 295-300.

[43] Tseng C C,Liu C L. Complementary sets of sequences [J]. IEEE Transactions on Information Theory,1972,18 (5): 644-652.

[44] Calderbank R, Howard S D, Moran B. Waveform diversity in radar signal processing[J]. IEEE Signal Processing Magazine,2009,26 (1): 32-41.

[45] Sivaswamy R. Multiphase complementary codes[J]. IEEE Transactions on Information Theory,1978,24 (5): 546-552.

[46] Frank R. Polyphase complementary codes [J]. IEEE Transactions on Information Theory,1980,26 (6): 641-647.

[47] Fan P Z,Darnell M. Sequence design for Communications Applications [M]. NY: Wiley,1996.

[48] 涂宜锋,松藤信哉,范平志,等. 基于生成函数的格雷对分析与构造[J]. 电子与信息学报,2010,32 (2): 335-339.

[49] Borwein P B, Ferguson R A. A complete description of Golay pairs for

lengths up to 100[J]. Mathematics of Computation,2003,73（246）：967-985.

[50] Chen C Y. A new construction of Golay complementary sets of non-power-of-two length based on Boolean functions［C］. 2017 IEEE Wireless Communications and Networking Conference（WCNC）,2017：1-6.

[51] Chen C Y. A novel construction of complementary sets with flexible lengths based on Boolean functions[J]. IEEE Communications Letters,2018,22（2）：260-263.

[52] Chen C Y. Complementary sets of non-power-of-two length for peak-to-average power ratio reduction in OFDM［J］. IEEE Transactions on Information Theory,2016,62（12）：7538-7545.

[53] Wang Z,Xue E, Chai J. A method to construct complementary sets of non-power-of-two length by concatenation ［C］. 2017 Eighth International Workshop on Signal Design and Its Applications in Communications（IWSDA）,2017：24-28.

[54] Han C,Suehiro N, Hashimoto T. N-Shift cross-orthogonal sequences and complete complementary codes［C］. 2007 IEEE International Symposium on Information Theory,2007：2611-2615.

[55] Chang Z W,Chang Z Y. A study on the construction method for orthogonal complementary set group based on complementary sets[C]. 2009 International Forum on Computer Science-Technology and Applications,2009：307-310.

[56] Zhang Z,Zeng F, Xuan G. Design of complementary sequence sets based on orthogonal matrixes［C］. 2010 International Conference on Communications,Circuits and Systems（ICCCAS）,2010：383-387.

[57] Suehiro N,Hatori M. N-shift cross-orthogonal sequences［J］. IEEE Transactions on Information Theory,1988,34（1）：143-146.

[58] Wu H,Song Z, Liu Z, et al. Complete complementary sequence for MIMO radar waveform design with low range sidelobes[C]. 2015 IET International Radar Conference,2015：1-5.

[59] Zhu J,Wang X, Huang X, et al. Golay complementary waveforms in Reed-Müller sequences for radar detection of nonzero Doppler targets ［J］. Sensors,2018,18（1）：192(1-20).

[60] Zhu J,Wang X,Song Y, et al. Range sidelobe suppression using complementary sets in distributed multistatic radar networks[J]. Sensors,2018,18 (1): 35(1-7).

[61] Boyd S. Multitone signals with low crest factor[J]. IEEE Transactions on Circuits and Systems,1986,33 (10): 1018-1022.

[62] Popović B M. Synthesis of power efficient multitone signals with flat amplitude spectrum[J]. IEEE Transactions on Communications,1991, 39 (7): 1031-1033.

[63] Van Nee R D J. OFDM codes for peak-to-average power reduction and error correction [C]. 1996 Global Telecommunications Conference (GLOBECOM): The Key to Global Prosperity,1996: 740-744.

[64] Stinchcombe T E. Aperiodic Autocorrelations of Length 2m Sequences, Complementarity,and Power Control of OFDM[D]. London: University of London,2000.

[65] Schmidt K, Finger A. Constructions of complementary sequences for power controlled OFDM transmission[C]. Proceedings of the 2005 International Conference on Coding and Cryptography (Lecture Notes in Computer Science),2005: 330-345.

[66] Schmidt K U. On cosets of the generalized first-order Reed-Müller code with low PMEPR[J]. IEEE Transactions on Information Theory,2006, 52 (7): 3220-3232.

[67] Schmidt K U. Complementary sets,generalized Reed-Müller codes,and power control for OFDM [J]. IEEE Transactions on Information Theory,2007,53 (2): 808-814.

[68] Ku M L,Huang C C. A complementary codes pilot-based transmitter diversity technique for OFDM systems[J]. IEEE Transactions on Wireless Communications,2006,5 (3): 504-508.

[69] Lowe D,Huang X. Ultra-wideband MB-OFDM channel estimation with complementary codes [C]. 2006 International Symposium on Communications and Information Technologies,2006: 623-628.

[70] Zoltowski M D, Qureshi T R, Calderbank R. Complementary codes based channel estimation for MIMO-OFDM systems[C]. 46th Annual Allerton Conference on Communication, Control, and Computing, 2008:

133-138.

[71] Chern S J, Lee Y D, Yang R H H. Performance of the MIMO CS-PRP-OFDM systems with complementary codes [C]. 2011 International Symposium on Intelligent Signal Processing and Communications Systems (ISPACS), 2011: 1-6.

[72] Zeng F, Zhang Z, Qian L. Improvement of code rate in OFDM communication systems encoded by QAM complementary sequences [C]. 9th International Congress on Image and Signal Processing, BioMedical Engineering and Informatics (CISP-BMEI), 2016: 1107-1112.

[73] Tseng S M, Bell M R. Asynchronous multicarrier DS-CDMA using mutually orthogonal complementary sets of sequences [J]. IEEE Transactions on Communications, 2000, 48 (1): 53-59.

[74] Chen H H, Yeh J F, Suehiro N. A multicarrier CDMA architecture based on orthogonal complementary codes for new generations of wideband wireless communications [J]. IEEE Communications Magazine, 2001, 39 (10): 126-135.

[75] Chen H H, Chiu H W, Guizani M. Orthogonal complementary codes for interference-free CDMA technologies [J]. IEEE Wireless Communications, 2006, 13 (1): 68-79.

[76] Park H, Lim J. Cyclic shifted orthogonal complementary codes for multicarrier CDMA systems [J]. IEEE Communications Letters, 2006, 10 (6): 426-428.

[77] Mohammed V N, Kabra A, Mallick P S, et al. Multi access interference reduction in STBC MC-CDMA using binary orthogonal complementary sequence [C]. 2015 International Conference on Circuits, Power and Computing Technologies (ICCPCT2015), 2015: 1-4.

[78] Kretschmer F F, Gerlach K R. New radar pulse compression waveforms [C]. Proceedings of the 1988 IEEE National Radar Conference, 1988: 194-199.

[79] Ojha A K, Koch D B. Impact of noise and target fluctuation on the performance of binary phase coded radar signals [C]. IEEE Southeastcon'92 Proceedings, 1992: 215-218.

[80] Ojha A K. Characteristics of complementary coded radar waveforms in noise and target fluctuation [C]. IEEE Southeastcon'93 Proceedings,

1993: 4-7.

[81] Zulch P, Wicks M, Moran B, et al. A new complementary waveform technique for radar signals[C]. Proceedings of the 2002 IEEE Radar Conference, 2002: 35-40.

[82] Alamouti S M. A simple transmit diversity technique for wireless communications[J]. IEEE Journal on Selected Areas in Communications, 1998, 16 (8): 1451-1458.

[83] Howard S D, Calderbank A R, Moran W. A simple polarization diversity technique for radar detection[C]. Proceedings of the 2nd International Conference on Waveform Diversity and Design, 2006: 1-2.

[84] Howard S D, Calderbank A R, Moran W. A simple signal processing architecture for instantaneous radar polarimetry[J]. IEEE Transactions on Information Theory, 2007, 53 (4): 1282-1289.

[85] Calderbank A R, Howard S D, Moran W, et al. Instantaneous radar polarimetry with multiple dually-polarized antennas[C]. Conference Record of the Fortieth Asilomar Conference on Signals, Systems and Computers (ASILOMAR), 2006: 757-761.

[86] Searle S, Howard S, Moran B. The use of complementary sets in MIMO radar[C]. Conference Record of the Forty-Second Asilomar Conference on Signals, Systems and Computers (ASILOMAR), 2008: 510-514.

[87] Levanon N. Noncoherent radar pulse compression based on complementary sequences[J]. IEEE Transactions on Aerospace and Electronic Systems, 2009, 45 (2): 742-747.

[88] Chi Y, Calderbank R, Pezeshki A. Golay complementary waveforms for sparse delay-Doppler radar imaging[C]. 2009 3rd IEEE International Workshop on Computational Advances in Multi-Sensor Adaptive Processing (CAMSAP), 2009: 177-180.

[89] Pace P E, Ng C Y. Costas CW frequency hopping radar waveform: peak sidelobe improvement using Golay complementary sequences[J]. Electronics Letters, 2010, 46 (2): 169-170.

[90] Suvorova S, Howard S, Moran B. Application of Reed-Müller coded complementary waveforms to target tracking[C]. 2013 International Conference on Radar, 2013: 152-156.

[91] Seleym A. Complementary phase coded LFM waveform for SAR[C].

Integrated Communications Navigation and Surveillance (ICNS),2016:
4C3-1-4C3-5.

[92] Koshevyy V,Popova V. Complementary coded waveforms sets in
marine radar application[C]. 2017 IEEE First Ukraine Conference on
Electrical and Computer Engineering (UKRCON),2017: 215-220.

[93] Sivaswamy R. Self-clutter cancellation and ambiguity properties of
subcomplementary sequences[J]. IEEE Transactions on Aerospace and
Electronic Systems,1982,AES-18 (2): 163-181.

[94] Popović B M,Budišin S Z. Generalised sub complementary sets of
sequences[J]. Electronics Letters,1987,23 (8): 422-424.

[95] Guey J C,Bell M R. Diversity waveform sets for delay-Doppler imaging
[J]. IEEE Transactions on Information Theory, 1998, 44 (4):
1504-1522.

[96] Ghebrebrhan O,Luce H,Yamamoto M,et al. Sub complementary code
pairs: new codes for ST/MST radar observations[J]. IEEE Transactions on
Geoscience and Remote Sensing,2003,41 (1): 111-122.

[97] Fan P,Yuan W, Tu Y. Z-complementary binary sequences[J]. IEEE
Signal Processing Letters,2007,14 (8): 509-512.

[98] Fan P Z,Darnell M. Sequence design for communications applications
[M]. NY: Wiley,1996.

[99] Long X,Zeng F, Zhang W. New construction of Z-complementary
sequences[C]. First International Conference on Information Science
and Engineering,2009: 608-611.

[100] Xuan G,Zhao Y, Lu S,et al. Construction of mutually orthogonal Z-
periodic complementary sequences [C]. 5th IET International
Conference on Wireless,Mobile and Multimedia Networks (ICWMMN
2013),2013: 110-114.

[101] Li Y,Xu C,Jing N, et al. Constructions of Z-periodic complementary
sequence set with flexible flock size [J]. IEEE Communications
Letters,2014,18 (2): 201-204.

[102] Liu Z,Parampalli U, Guan Y L. On even-period binary Z-complementary
pairs with large ZCZs[J]. IEEE Signal Processing Letters,2014,21 (3):
284-287.

[103] Chen C Y. A novel construction of Z-complementary pairs based on generalized boolean functions[J]. IEEE Signal Processing Letters, 2017,24 (7): 987-990.

[104] Wang J,Fan P, Yang Y, et al. Doppler resilient Z-complementary waveforms from ESP sequences[C]. Eighth International Workshop on Signal Design and Its Applications in Communications (IWSDA), 2017: 19-23.

[105] Pezeshki A,Calderbank R,Howard S D,et al. Doppler resilient Golay complementary pairs for radar[C]. IEEE 14th Workshop on Statistical Signal Processing,2007: 483-487.

[106] Suvorova S,Howard S, Moran B, et al. Doppler resilience, Reed-Müller codes and complementary waveforms[C]. Conference Record of the Forty-First Asilomar Conference on Signals, Systems and Computers (ASILOMAR),2007: 1839-1843.

[107] Tang J,Zhang N, Ma Z, et al. Construction of Doppler resilient complete complementary code in MIMO radar[J]. IEEE Transactions on Signal Processing,2014,62(18): 4704-4712.

[108] Nguyen H D,Coxson G E. Doppler tolerance, complementary code sets,and generalized Thue-Morse sequences[J]. IET Radar,Sonar & Navigation,2016,10(9): 1603-1610.

[109] Dang W,Pezeshki A, Howard S, et al. Coordinating complementary waveforms for sidelobe suppression[C]. Conference Record of the Forty-Fifth Asilomar Conference on Signals,Systems and Computers (ASILOMAR),2011: 2096-2100.

[110] Dang W,Pezeshki A, Howard S, et al. Coordinating complementary waveforms across time and frequency[C]. 2012 IEEE Statistical Signal Processing Workshop (SSP),2012: 868-871.

[111] Levanon N,Cohen I, Itkin P. Complementary pair radar waveforms-evaluating and mitigating some drawbacks[J]. IEEE Aerospace and Electronic Systems Magazine,2017,32 (3): 40-50.

[112] Zhu J,Wang X,Huang X, et al. Detection of nonzero Doppler targets using complementary waveforms in Reed-Müller sequences[C]. The 8th International Conference on Signal Processing Systems (ICSPS2016), 2016: 1-5.

[113] Zhu J,Wang X,Huang X, et al. Range sidelobe suppression for using Golay complementary waveforms in multiple moving target detection [J]. Signal Processing,2017,141：28-31.

[114] Zhu J,Wang X,Huang X, et al. Detection of moving targets in sea clutter using complementary waveforms[J]. Signal Processing,2018, 146：15-21.

[115] Zhu J,Chu N,Song Y, et al. Alternative signal processing of complementary waveform returns for range sidelobe suppression[J]. Signal Processing,2019,159：187-192.

[116] Wang J,Fan P,Yang Y, et al. Range/Doppler sidelobe suppression in moving target detection based on time-frequency binomial design[C]. 2019 IEEE 30th Annual International Symposium on Personal,Indoor and Mobile Radio Communications (PIMRC),2019：1-5.

[117] Wu Z,Wang C,Jiang P, et al. Range-Doppler sidelobe suppression for pulsed radar based on Golay complementary codes[J]. IEEE Signal Processing Letters,2020,27：1205-1209.

[118] Wu Z,Zhou Z,Wang C,et al. Doppler resilient complementary waveform design for active sensing[J]. IEEE Sensors Journal,2020,20(17)：9963-9976.

[119] Dang W,Pezeshki A, Howard S,et al. Coordinating complementary waveforms for suppressing range sidelobes in a Doppler band[J]. arxiv preprint arxiv：2001.09397,2020：1-13.

第2章

互补波形基础知识

2.1　引言

互补波形是一种时域上多串具有特殊性质的单位能量二相序列经过基带调制后得到的信号的总称。作为一类具有很大应用潜力的雷达发射波形，互补波形的各类基本性质及发射接收方式需要进行深入理解和研究。本章将对格雷互补波形和互补波形组的"互补性"以及发射与接收流程进行详细介绍。该部分工作将有助于加深对互补波形能够在理论上获得距离向无旁瓣和高分辨原理的理解，同时为后续进一步研究互补波形发射端与接收端设计方法提供理论基础。

本章的内容安排如下：2.2节介绍格雷互补波形，包括其性质、典型生成方法和发射与接收流程；2.3节类似地介绍互补波形组的性质、典型生成方法和发射与接收流程；2.4节对本章内容进行小结。

2.2　格雷互补波形

本节首先对格雷对的性质与典型生成方法进行简要介绍；然后描述格雷互补波形的发射与接收流程并重点推导产生距离旁瓣的原因以及理论上抑制旁瓣的操作手段。

2.2.1　格雷互补波形性质与典型生成方法

1. 格雷互补波形性质

格雷互补波形由一对具有相同单位能量的、位数长度均为 L 的二值序列 $\boldsymbol{x} = \{x(l)\}_{l=0}^{L-1}$ 和 $\boldsymbol{y} = \{y(l)\}_{l=0}^{L-1}$ 组成（需要进行基带调制，详见 2.2.2 节），这两个二值序列也称为"格雷对"。每个二值序列由特定排列的、时间宽度为 T_c 的 ± 1 码元构成，因此每个二值序列的总时间宽度为 LT_c。格雷对满足下面的重要性质：对于 $k = -(L-1), \cdots, (L-1)$，其自相关函数满足[1]

$$C_x(k) + C_y(k) = 2L\delta(k) \tag{2.1}$$

式中，$C_x(k)$ 和 $C_y(k)$ 分别表示 $\boldsymbol{x}$ 和 $\boldsymbol{y}$ 在 k 点的自相关函数值；$\delta(k)$ 为冲激函数，具有 $2T_c$ 的时间宽度。该宽度表征了经过载频调制以后的格雷互补波形可以在理论上获得非常高的时延分辨率，并且没有旁瓣的干扰。

2. 格雷互补波形典型生成方法

格雷对按位数长度通常分为长度为 2 的幂次方的格雷对与长度

为非 2 的幂次方的格雷对两类。下面分别论述这两类格雷对的生成方法。

位数长度为 $L=2^m$(m 为大于或等于 0 的整数)的格雷对 (x,y) 可以通过"交织"和"级联"两种方式[2]迭代扩展生成长度为 $L'=2^{m+1}$ 的格雷对 (x',y')。设 r 为 L 的一个因子,则交织方法可以表示为

$$
\begin{cases}
x' = [x(0),\cdots,x(r-1),y(0),\cdots,y(r-1),x(r),\cdots,x(2r-1),\\
\quad\quad y(r),\cdots,y(2r-1),\cdots,x(L-r),\cdots,x(L-1),y(L-r),\cdots,\\
\quad\quad y(L-1)]\\
y' = [x(0),\cdots,x(r-1),-y(0),\cdots,-y(r-1),x(r),\cdots,x(2r-1),\\
\quad\quad -y(r),\cdots,-y(2r-1),\cdots,x(L-r),\cdots,x(L-1),\\
\quad\quad -y(L-r),\cdots,-y(L-1)]
\end{cases}
\tag{2.2}
$$

其中,"$-$"表示取反操作。当 $r=L$ 时,交织方法等价于如下所示的级联方法:

$$
\begin{cases}
x' = [x(0),\cdots,x(L-1),y(0),\cdots,y(L-1)]\\
y' = [x(0),\cdots,x(L-1),-y(0),\cdots,-y(L-1)]
\end{cases}
\tag{2.3}
$$

可以看出,采用级联方式产生格雷对相比交织方式的操作更加简单,所以为方便后续论述,若无特殊说明,之后使用的格雷对均为由级联方式产生的 2 的幂次方的格雷对。

值得一提的是,任何一个格雷对都可以通过下面的 6 种方式生成一族同样位数长度的等价格雷对,并且这些方式可以交叉、多次使用:

(1) 对换两列二值序列;

(2) 反转第一个二值序列的顺序;

(3) 反转第二个二值序列的顺序;

（4）对第一个二值序列的全部码元进行取反操作；

（5）对第二个二值序列的全部码元进行取反操作；

（6）交替对每个二值序列中的每隔一位码元进行取反操作。

例 2.1：设一个位数长度为 $L=4$ 的格雷对$(x,y)=[+++-,$ $++-+]$，那么利用上述方法可以获得以下 3 组位数长度为 $L'=8$ 的格雷对：

- $(x',y')=[+++++-+,+-+-++--]$，采用 $r=$ 1 的 1 位交织；

- $(x',y')=[+++++-+,++--+-+-]$，采用 $r=$ 2 的 2 位交织；

- $(x',y')=[+++-++-+,++++---+-]$，采用 $r=$ 4 的 4 位交织，即级联。

其中，"$+$"和"$-$"分别表示格雷对中的± 1码元。此外，(x,y)还可以衍生出等价的一族同样长度的格雷对，即

（1）$[++-+,+++-]$；

（2）$[-+++,++-+]$；

（3）$[+++-,+-++]$；

（4）$[---+,++-+]$；

（5）$[+++-,--+-]$；

（6）$[-+--,+---]$或$[+-++,-+++]$。

另外，在绪论中已经介绍过，长度为非 2 的幂次方的格雷对无法通过位数长度更短的格雷对经由迭代扩展得到。特别地，文献[3]中指出，位数长度小于 100 的非 2 的幂次方长度的格雷对仅存在以下 4 种非等价情况，其中长度 $L=10$ 的格雷对有 2 对，$L=20$ 和 26 的格雷对各 1 对。

（1）$L=10$：

$$\begin{cases} \pmb{x}' = [+ + - + - \quad + - - + +] \\ \pmb{y}' = [+ + - + + \quad + + + - -] \end{cases}$$

（2）$L=10$：

$$\begin{cases} \pmb{x}' = [+ + + + + \quad - + - - +] \\ \pmb{y}' = [+ + - - + \quad + + - + -] \end{cases}$$

（3）$L=20$：

$$\begin{cases} \pmb{x}' = [+ + + + - \quad + - - - + \quad + - - + + \quad - + - - +] \\ \pmb{y}' = [+ + + + - \quad + + + + + \quad - - - + - \quad + - + + -] \end{cases}$$

（4）$L=26$：

$$\begin{cases} \pmb{x}' = [+ + + + - \quad + + - - + \quad - + - + - \\ \qquad\quad - + - + + \quad + - - + + \quad +] \\ \pmb{y}' = [+ + + + - \quad + + - - + \quad - + + + + \\ \qquad\quad + - + - - \quad - + + - - \quad -] \end{cases}$$

且 $L=26$ 的格雷对是目前已知最长的不通过位数长度更短的格雷对经由迭代扩展得到的格雷对。由于非 2 的幂次方长度的格雷对比较特殊且不便于实际应用，这里不做进一步讨论，有兴趣的读者可以从文献[3]中获得更详细的信息。

2.2.2 格雷互补波形发射与接收流程

格雷对需要对两个序列中的每一位码元进行基带调制以获得时域上的格雷互补波形：

$$
\begin{cases}
x(t) = \sum_{l=0}^{L-1} x(l)\Omega(t - lT_c) \\[2ex]
y(t) = \sum_{l=0}^{L-1} y(l)\Omega(t - lT_c) \\[2ex]
\int_{-T_c/2}^{T_c/2} \mid \Omega(t) \mid^2 \mathrm{d}t = 1
\end{cases}
\tag{2.4}
$$

其中，$\Omega(t)$为基带调制脉冲信号。为简单起见，我们在后续的仿真中将其设为一个矩形脉冲，但是若要进行实际应用，通常会将其设为一个升余弦脉冲或高斯脉冲等来减小系统带宽的要求。

由于格雷互补波形中的 $x(t)$ 和 $y(t)$ 为两个不一样的信号，因此需要一组 (P, Q) 序列对来分别决定它们在发射信号脉冲串中的发射顺序以及在接收端进行匹配滤波时每个脉冲的权重。其中，二进制序列 $P = \{p(n)\}_{n=0}^{N-1}$ 决定第 $n+1$ 个脉冲发射 $x(t)$ 还是 $y(t)$；正实数序列 $Q = \{q(n)\}_{n=0}^{N-1}$ 表示接收端回波中各个脉冲进行匹配滤波时的权重。

那么，格雷互补波形的发射信号（这里省略了载频调制）可以写为

$$
z_P(t) = \sum_{n=0}^{N-1} p(n)x(t - nT) + (1 - p(n))y(t - nT) \tag{2.5}
$$

式中，T 为脉冲重复间隔（pulse repetition interval，PRI），N 为发射脉冲数目。例如，当 $p(n) = 1$ 时，则 $z_P(t)$ 中的第 $n+1$ 个脉冲发射 $x(t)$；当 $p(n) = 0$ 时，则 $z_P(t)$ 中的第 $n+1$ 个脉冲发射 $y(t)$。

另外，经过 Q 序列加权的接收端用于匹配滤波的信号表示为

$$
z_Q(t) = \sum_{n=0}^{N-1} q(n)\big[p(n)x(t - nT) + (1 - p(n))y(t - nT)\big]
$$

$$
\tag{2.6}
$$

通常 Q 为一个全 1 序列(记为标准权重序列),但是对于一些格雷互补波形的特殊波形设计方法(例如"二项式设计方法"),这些权重将被赋予 1 以外的其他值。

设 $x(t)$ 的模糊函数为 $\chi_x(t,F_D)$,则 $\chi_x(t,F_D)$ 可以表示为

$$
\begin{aligned}
\chi_x(t,F_D) &= \int_{-\infty}^{+\infty} x(s)x^*(t-s)\exp(j2\pi F_D s)\mathrm{d}s \\
&= \sum_{l=0}^{L-1} x(l) \sum_{k=-L+1}^{L-1} x^*(l-k)\int_{-\infty}^{+\infty} \Omega(s-lT_c) \cdot \\
&\quad \Omega^*[t-s-(l-k)T_c]\exp(j2\pi F_D s)\mathrm{d}s \\
&= \sum_{l=0}^{L-1}\sum_{k=-L+1}^{L-1} x(l)x^*(l-k)\exp(j2\pi F_D lT_c)\chi_\Omega(t-kT_c,F_D) \\
&= \sum_{k=-L+1}^{L-1} A_x(k,F_D T_c)\chi_\Omega(t-kT_c,F_D)
\end{aligned}
\tag{2.7}
$$

其中,上标" $*$ "表示共轭运算。另外

$$
A_x(k,F_D T_c) = \sum_{l=0}^{L-1} x(l)x^*(l-k)\exp(j2\pi F_D lT_c)
$$

$$
k = -(L-1),\cdots,L-1
\tag{2.8}
$$

$\chi_\Omega(t,F_D)$ 表示基带调制脉冲信号 $\Omega(t)$ 的模糊函数

$$
\begin{aligned}
\chi_\Omega(t,F_D) &= \int_{-\infty}^{+\infty} \Omega(s)\Omega^*(t-s)\exp(j2\pi F_D s)\mathrm{d}s \\
&= \int_{-T_c}^{T_c} \Omega(s)\Omega^*(t-s)\exp(j2\pi F_D s)\mathrm{d}s
\end{aligned}
\tag{2.9}
$$

同理, $y(t)$ 的模糊函数为 $\chi_y(t,F_D)$ 也可以这样表示。因此,若 $x(t)$ 和 $y(t)$ 分别在两个相邻脉冲(相隔一个 PRI)中发射时,对于脉冲串 $z(t)=x(t)+y(t)\exp(-j2\pi F_D T)$ 的有效模糊函数可以写为

$$
\chi_z(t,F_D) = \chi_x(t,F_D) + \chi_y(t,F_D)\exp(-j2\pi F_D T)
\tag{2.10}
$$

　　注意,根据脉冲串的模糊函数的周期延拓性质,$z(t)$完整的模糊函数事实上还在时延为$\pm T$的位置处存在两个由交叉项引起的偏置,但是为了便于分析我们省略了这两个交叉项,因为它们不会对最终的结论产生影响。读者可以参阅雷达信号处理的基础理论书籍来获得有关脉冲串的模糊函数的更详细的分析[4-5],这里不再赘述。

　　由于一般情况下,$LT_c \ll T$,因此式(2.8)中的多普勒项$\exp(j2\pi F_D l T_c)$会远小于式中的多普勒项$\exp(-j2\pi F_D T)$。那么根据式(2.8)和式(2.10),$\chi_z(t, F_D)$可以近似表示为

$$\chi_z(t, F_D) = \sum_{l=0}^{L-1} \sum_{k=-L+1}^{L-1} \left\{ \begin{array}{l} [x(l)x^*(l-k) + y(l)y^*(l-k)\exp(-j2\pi F_D T)] \cdot \\ \exp(j2\pi F_D l T_c)\chi_\Omega(t-kT_c, F_D) \end{array} \right\}$$

$$\approx \sum_{k=-L+1}^{L-1} [C_x(k) + C_y(k)\exp(-j2\pi F_D T)]\chi_\Omega(t-kT_c, F_D) \quad (2.11)$$

根据$x(t)$和$y(t)$的互补性质,在零多普勒线($F_D = 0$)式(2.11)所示的$\chi_z(t, F_D)$退化为

$$\chi_z(t, 0) = 2L\chi_\Omega(t, 0) \quad (2.12)$$

这从理论上表明了$\chi_z(t, F_D)$在零多普勒线上完全没有距离旁瓣。然而,在非零多普勒区域的距离旁瓣会非常显著,这就导致了弱的运动目标有可能会淹没在强目标所产生的具有相近的时延和多普勒值的距离旁瓣中。

　　基于以上讨论,如果将$z_P(t)$作为发射脉冲串,$z_Q(t)$作为匹配滤波用的脉冲串,那么根据文献[5]中的定义,可以计算格雷互补波形脉冲串的模糊函数并分析其在(t, F_D)处的时延-多普勒图像:

$$\chi_{PQ}(t, F_D) = \int_{-\infty}^{+\infty} z_P(s)\exp(j2\pi F_D s)z_Q^*(t-s)ds$$

$$= \sum_{n=0}^{N-1} q(n)[p(n)\chi_x(t, F_D) + (1-p(n))\chi_y(t, F_D)] \quad (2.13)$$

$$\chi_{PQ}(t,F_{\mathrm{D}})$$

$$= \sum_{l=0}^{L-1}\sum_{k=-L+1}^{L-1}\sum_{n=0}^{N-1}\left\{\begin{array}{l}q(n)\exp(\mathrm{j}2\pi F_{\mathrm{D}}nT)\exp(\mathrm{j}2\pi F_{\mathrm{D}}lT_{\mathrm{c}}) \cdot \\ \left[p(n)x(l)x^{*}(l-k)+(1-p(n))y(l)y^{*}(l-k)\right] \cdot \\ \Omega(t-kT_{\mathrm{c}}-nT)\Omega^{*}(t-kT_{\mathrm{c}}-nT)\end{array}\right\}$$

$$\approx \sum_{k=-L+1}^{L-1}\sum_{n=0}^{N-1}\left\{\begin{array}{l}q(n)\exp(\mathrm{j}2\pi F_{\mathrm{D}}nT) \cdot \\ \left[p(n)C_{x}(k)+(1-p(n))C_{y}(k)\right]C_{\Omega}(t-kT_{\mathrm{c}}-nT)\end{array}\right\}$$

$$= \frac{1}{2}\sum_{k=-L+1}^{L-1}\left[C_{x}(k)+C_{y}(k)\right]\sum_{n=0}^{N-1}q(n)\exp(\mathrm{j}2\pi F_{\mathrm{D}}nT)C_{\Omega}(t-kT_{\mathrm{c}}-nT) -$$

$$\frac{1}{2}\sum_{k=-L+1}^{L-1}\left[C_{x}(k)-C_{y}(k)\right]\sum_{n=0}^{N-1}\left\{\begin{array}{l}(-1)^{p(n)}q(n)\exp(\mathrm{j}2\pi F_{\mathrm{D}}nT) \\ C_{\Omega}(t-kT_{\mathrm{c}}-nT)\end{array}\right\} \qquad (2.14)$$

其中，$C_{\Omega}(t)$ 表示 $\Omega(t)$ 的自相关函数。很明显，$C_{x}(k)+C_{y}(k)=2L\delta(k)$，所以式(2.14)的第一项中没有距离旁瓣；另外，由于 $C_{x}(k)-C_{y}(k)$ 在 $k\neq0$ 时不为 0，所以式(2.14)的第二项代表了距离旁瓣，并且距离旁瓣的形状取决于 $C_{\Omega}(t-kT_{\mathrm{c}}-nT)$。关于这一项我们的问题是，是否可以通过合理地选择 $p(n)$ 和 $q(n)$ 使式(2.14)在时延轴上更接近于冲激函数(至少在某些多普勒线上)。对于一组确定的格雷对，距离旁瓣的大小正比于

$$\mathcal{P}(F_{\mathrm{D}}) = \sum_{n=0}^{N-1}(-1)^{p(n)}q(n)\exp(\mathrm{j}2\pi F_{\mathrm{D}}nT) \qquad (2.15)$$

那么我们可以设计 $(-1)^{p(n)}q(n)$ 序列，使它在 $F_{\mathrm{D}}=0$ 处更高阶的导数为 0，这样就能使得零多普勒线附近的距离旁瓣被更有效地抑制。对 $\mathcal{P}(F_{\mathrm{D}})$ 在 $F_{\mathrm{D}}=0$ 处进行泰勒展开，即

$$\mathcal{P}(\theta) = \sum_{m=0}^{+\infty}P^{(m)}(0)\frac{\theta^{m}}{m!} \qquad (2.16)$$

其中,$\theta = \exp(j2\pi F_D n T)$,$\mathcal{P}^{(m)}(0)$是$\mathcal{P}(\theta)$(或$\mathcal{P}(F_D)$)在$\theta = 0$(或 $F_D = 0$)处的 m 阶导数。若要让$\mathcal{P}(\theta)$的前 M_D 阶导数均为 0,即

$$\mathcal{P}^{(m)}(0) = 0, \quad m = 0, 1, \cdots, M_D \tag{2.17}$$

则需要等价地使

$$\sum_{n=0}^{N-1} n^m (-1)^{p(n)} q(n) = 0, \quad m = 0, 1, \cdots, M_D \tag{2.18}$$

2.3 互补波形组

本节首先介绍互补波形组的性质与几种典型的生成方法;然后按照与格雷互补波形类似的方式讨论互补波形组的发射与接收流程。

2.3.1 互补波形组性质与典型生成方法

1. 互补波形组性质

互补波形组由 D 组(D 为大于或等于 2 的整数)具有相同单位能量的、位数长度均为 L 的二值序列$\{\boldsymbol{a}_d\}_{d=0}^{D-1} = \{a_d(l)\}_{d=0}^{D-1} = [a_0(l), a_1(l), \cdots, a_{D-1}(l)]$,$l = 0, 1, \cdots, L-1$ 组成(同样需要经过基带调制)。事实上,互补波形组的 D 组二值序列不一定需要全部具有一样的位数长度,只要有偶数组二值序列是一样的位数长度,这样的互补波形组就有可能存在,比如

$$[+++-, \quad ++-+, \quad +-, \quad --]$$

并且这种类型的互补波形组具有更多复杂性质。但由于这类互补波形组不利于在雷达系统中进行匹配滤波,所以本书不对其做进一步分析,感兴趣的读者可以在文献[6]中获得更深入的讨论结果。若无特殊说明,本书后面讨论的互补波形组均指由若干组位数长度相同的二值序列组成的互补波形组。

与格雷互补波形类似,互补波形组每个二值序列的±1码元的时间宽度为 T_c,总时间宽度(即脉冲宽度)为 $T_P = LT_c$。互补波形组的互补性通过其全部二值序列的自相关函数相加得到,即

$$\sum_{d=0}^{D-1} C_{a_d}(k) = DL\delta(k) \tag{2.19}$$

其中,$k = -(L-1), \cdots, L-1$,$C_{a_d}(k)$ 表示 $a_d(l)$ 的自相关函数在 k 点的值。可以发现,互补波形组可以获得与格雷互补波形一样的时延分辨率,但是为满足其互补性的要求,互补波形组有时需要发射比格雷互补波形更多的脉冲数目。另外,为满足互补性,互补波形组还具备以下性质:

(1) 对于任意一组二值序列 $\boldsymbol{a}_d$,$d = 0, 1, \cdots, D-1$,都有

$$C_{a_d}(L-1) = +1 \quad \text{或} \quad -1 \tag{2.20}$$

所以容易发现,为满足互补性,不管何种类型的互补波形组,都必须由偶数组二值序列组成。

(2) 当组成互补波形组的各二值序列位数长度相等时,互补波形组中的每一组二值序列 $\boldsymbol{a}_d$ 均满足:当 $L - |k|$ 为奇数时,$C_{a_d}(k)$ 为奇数;当 $L - |k|$ 为偶数时,$C_{a_d}(k)$ 为偶数。

(3) 文献[6]中指出,若组成互补波形组的二值序列位数长度均为 L 且 L 为奇数,则该互补波形组必由 4 的倍数组二值序列组成,比如一个位数长度 $L = 5$ 的互补波形组可以写为

$$[+----, \quad -++-+, \quad +---+, \quad ---+-] \tag{2.21}$$

由此也可以进一步发现,格雷对中两个二值序列的位数长度必为偶数。

2. 互补波形组典型生成方法

互补波形组同样可以通过"交织"和"级联"这两种典型的迭代扩展方法生成位数长度更长的互补波形组。在具体介绍之前,我们先定义几种操作。定义 $\boldsymbol{A}$ 表示反转序列 $\boldsymbol{A}$ 操作,$-\boldsymbol{A}$ 表示对序列 $\boldsymbol{A}$ 进行取反操作;定义 $\boldsymbol{A}\otimes\boldsymbol{B}$ 表示对序列 $\boldsymbol{A}$ 和 $\boldsymbol{B}$ 进行 1 位交织操作,$\boldsymbol{AB}$ 表示对序列 $\boldsymbol{A}$ 和 $\boldsymbol{B}$ 进行级联操作;定义 $\boldsymbol{A}_{\text{odd}}$ 与 $\boldsymbol{A}_{\text{even}}$ 分别表示由序列 $\boldsymbol{A}$ 的奇数下标和偶数下标所指示的码元组成的序列;设 $\varGamma$ 为一个尺寸为 $I\times D$、取值为 ±1 的二进制列正交矩阵(目前已有许多方法来生成二进制列正交矩阵[7],但注意到之后的 3.2.2 节将要介绍的 Walsh 矩阵是一个尺寸为 $2^M\times2^M$ 的特殊的二进制列正交矩阵,所以不失一般性,在接下来的例子中我们将采用 Walsh 矩阵来进行分析),I 为大于或等于 2 的任意整数,γ_{id} 表示其第 $i+1$ 行第 $d+1$ 列的值,$i=0,1,\cdots,I-1,d=0,1,\cdots,D-1$。定义

$$\boldsymbol{A}^{\gamma_{id}}=\begin{cases}\boldsymbol{A}, & \gamma_{id}=+1 \\ -\boldsymbol{A}, & \gamma_{id}=-1\end{cases} \tag{2.22}$$

那么,设 $\{\boldsymbol{a}_d\}_{d=0}^{D-1}$ 表示一组互补波形组,则通过交织方法产生的互补波形组 $\{\boldsymbol{b}_d\}_{d=0}^{D-1}$ 可以写为

$$\{\boldsymbol{b}_d\}_{d=0}^{D-1}=(\otimes\prod_{d=0}^{D-1}\boldsymbol{a}_d^{\gamma_{id}} \quad i=0,1,\cdots,I-1)$$

$$\triangleq \begin{pmatrix} \boldsymbol{a}_0^{\gamma_{10}} \otimes \boldsymbol{a}_1^{\gamma_{11}} \otimes \cdots \otimes \boldsymbol{a}_{D-1}^{\gamma_{1(D-1)}}, \boldsymbol{a}_0^{\gamma_{20}} \otimes \boldsymbol{a}_1^{\gamma_{21}} \otimes \cdots \otimes \boldsymbol{a}_{D-1}^{\gamma_{2(D-1)}}, \cdots, \\ \boldsymbol{a}_0^{\gamma_{I0}} \otimes \boldsymbol{a}_1^{\gamma_{I1}} \otimes \cdots \otimes \boldsymbol{a}_{D-1}^{\gamma_{I(D-1)}} \end{pmatrix}$$

(2.23)

通过级联方法产生的互补波形组 $\{\boldsymbol{b}_d\}_{d=0}^{D-1}$ 可以写为

$$\{\boldsymbol{b}_d\}_{d=0}^{D-1} = (\prod_{d=0}^{D-1} \boldsymbol{a}_d^{\gamma_{id}} \quad i = 0, 1, \cdots, I-1)$$

$$\triangleq \begin{pmatrix} \boldsymbol{a}_0^{\gamma_{10}} \boldsymbol{a}_1^{\gamma_{11}} \cdots \boldsymbol{a}_{D-1}^{\gamma_{1(D-1)}}, \boldsymbol{a}_0^{\gamma_{20}} \boldsymbol{a}_1^{\gamma_{21}} \cdots \boldsymbol{a}_{D-1}^{\gamma_{2(D-1)}}, \cdots, \\ \boldsymbol{a}_0^{\gamma_{I0}} \boldsymbol{a}_1^{\gamma_{I1}} \cdots \boldsymbol{a}_{D-1}^{\gamma_{I(D-1)}} \end{pmatrix}$$

(2.24)

与格雷互补波形类似,互补波形组也可以通过下面4种方式衍生出若干组的互补波形组:

(1) 对互补波形组中任意组二值序列进行反转操作;

(2) 对互补波形组中任意组二值序列进行取反操作;

(3) 交替对每个二值序列中的每隔一位码元进行取反操作;

(4) 设 $\{\boldsymbol{a}_d\}_{d=0}^{D-1}$ 表示一组互补波形组,则 $\{\boldsymbol{a}_{d_{\mathrm{odd}}}\}_{d=0}^{D-1}$ 与 $\{\boldsymbol{a}_{d_{\mathrm{even}}}\}_{d=0}^{D-1}$ 也均是互补波形组。

例 2.2:设一个由 $D=4$ 组二值序列组成的、位数长度均为 $L=4$ 的互补波形组,表示为

$$\{a_d(l)\}_{d=0}^{D-1} = [--++, -++-, ++++, +-+-]$$

另设一个二进制列正交矩阵

$$\boldsymbol{\Gamma} = \begin{bmatrix} 1 & 1 & 1 & 1 \\ 1 & -1 & 1 & -1 \\ 1 & -1 & -1 & 1 \\ 1 & 1 & -1 & -1 \end{bmatrix}$$

通过交织方法产生的互补波形组可以写为

$$\{b_d(l)\}_{d=0}^{D-1} = \begin{bmatrix} --++-++-++++-+-+-, \\ -++--+++++-++++, \\ -+--+---+--+++-, \\ ------+-+++--+-+ \end{bmatrix}$$

通过级联方法产生的互补波形组可以写为

$$\{b_d(l)\}_{d=0}^{D-1} = \begin{bmatrix} --++-++-++++-+-+-, \\ -+++---++++++-+-, \\ -+++---+----+-+-, \\ -+++---++++++-+ \end{bmatrix}$$

容易验证,这两组 $\{b_d(l)\}_{d=0}^{D-1}$ 都是位数长度为 16 的互补波形组。

另外, $\{a_d(l)\}_{d=0}^{D-1}$ 可以衍生出表 2.1 所示的若干组互补波形组。

表 2.1　由 $\{a_d(l)\}_{d=0}^{D-1}$ 衍生出的互补波形组及其生成方式

互补波形组	生 成 方 式
[+ + − −, − + + −, + + + +, + − + −]	对第 1 组二值序列进行反转操作/ 同时对第 1 组和第 2 组二值序列进行反转操作/ 同时对第 1 组和第 3 组二值序列进行反转操作/ 同时对第 1、2、3 组二值序列进行反转操作/ 对第 1 组二值序列进行取反操作
[− − + +, − + + −, + + + +, + − + −]	对第 2 组二值序列进行反转操作/ 对第 3 组二值序列进行反转操作/ 同时对第 2 组和第 3 组二值序列进行反转操作/ (与 $\{a_d(l)\}_{d=0}^{D-1}$ 结果一样)

互补波形组	生 成 方 式
[− − ＋ ＋，− ＋ ＋ −，＋ ＋ ＋ ＋，− ＋ − ＋]	对第 4 组二值序列进行反转操作/ 同时对第 2 组和第 4 组二值序列进行反转操作/ 同时对第 3 组和第 4 组二值序列进行反转操作/ 同时对第 2、3、4 组二值序列进行反转操作/ 对第 4 组二值序列进行取反操作
[＋ ＋ − −，− ＋ ＋ −，＋ ＋ ＋ ＋，− ＋ − ＋]	同时对第 1 组和第 4 组二值序列进行反转操作/ 同时对第 1、2、3、4 组二值序列进行反转操作/ 同时对第 1 组和第 4 组二值序列进行取反操作
[− − ＋ ＋，＋ − − ＋，＋ ＋ ＋ ＋，＋ − ＋ −]	对第 2 组二值序列进行取反操作
[− − ＋ ＋，− ＋ ＋ −，− − − −，＋ − ＋ −]	对第 3 组二值序列进行取反操作
[＋ ＋ − −，＋ − − ＋，＋ ＋ ＋ ＋，＋ − ＋ −]	同时对第 1 组和第 2 组二值序列进行取反操作
[＋ ＋ − −，− ＋ ＋ −，− − − −，＋ − ＋ −]	同时对第 1 组和第 3 组二值序列进行取反操作
[− − ＋ ＋，＋ − − ＋，− − − −，＋ − ＋ −]	同时对第 2 组和第 3 组二值序列进行取反操作
[− − ＋ ＋，＋ − − ＋，＋ ＋ ＋ ＋，− ＋ − ＋]	同时对第 2 组和第 4 组二值序列进行取反操作

续表

互补波形组	生 成 方 式
$[--++,-++-,---\\ --,-+-+]$	同时对第 3 组和第 4 组二值序列进行取反操作
$[+--+,--++,-+\\ -+,++++]$	交替对每个二值序列中的每隔一位码元进行取反操作
$[-+,+-,++,--]$	由 $\{a_d(l)\}_{d=0}^{D-1}$ 的奇数下标所指示的码元组成的序列，即 $\{a_{d_{odd}}(l)\}_{d=0}^{D-1}$
$[-+,-+,++,++]$	由 $\{a_d(l)\}_{d=0}^{D-1}$ 的偶数下标所指示的码元组成的序列，即 $\{a_{d_{even}}(l)\}_{d=0}^{D-1}$

3. 正交互补波形组

注意到格雷互补波形中的格雷对是相互正交的，即满足

$$\sum_{l=0}^{L-1} x(l) \cdot y(l) = 0 \tag{2.25}$$

所示的正交性。互补波形组的正交性可以类似地表示为

$$\sum_{l=0}^{L-1} a_i(l) \cdot a_j(l) = 0, \quad \forall i,j \in \{0,1,\cdots,D-1\}, \quad i \neq j$$

$$\tag{2.26}$$

但不是所有的互补波形组都满足该正交性，比如式（2.21）所示的互补波形组就不满足该正交性。

下面，我们介绍 3 种生成正交互补波形组的迭代扩展方法[6]。在采用各种迭代扩展方法生成正交互补波形组时，一个很重要的前提是用于迭代扩展的初始互补波形组须满足正交性。

方法 A：设一个三维的二值矩阵Δ，其每一列中的各条二值序列

组成一组正交互补波形组。对矩阵Δ的第三维进行如下交织方法,可以使获得的矩阵Δ'中每一列中的各条二值序列也为一组正交互补波形组。

$$\Delta'=\begin{bmatrix} \Delta\otimes\Delta & (-\Delta)\otimes\Delta \\ (-\Delta)\otimes\Delta & \Delta\otimes\Delta \end{bmatrix} \qquad (2.27)$$

方法 B:与方法 A 类似,设一个三维的二值矩阵Δ,其每一列中的各条二值序列组成一组正交互补波形组。对矩阵Δ的第三维进行如下级联方法,可以使获得的矩阵Δ'中每一列中的各条二值序列也为一组正交互补波形组。

$$\Delta'=\begin{bmatrix} \Delta\Delta & (-\Delta)\Delta \\ (-\Delta)\Delta & \Delta\Delta \end{bmatrix} \qquad (2.28)$$

方法 C:设一个三维的二值矩阵Δ,其每一列中的各条二值序列组成了一组正交互补波形组。令$\boldsymbol{\Gamma}$为一个尺寸为$I\times D$、取值为± 1的二进制列正交矩阵(I 和 D 为任意大于或等于 2 的整数),γ_{id}表示其第$i+1$行第$d+1$列的值,$i=0,1,\cdots,I-1,d=0,1,\cdots,D-1$。$\Delta_i$表示将矩阵$\Delta$的列(第二维)向左循环排列$i$位。对于"循环排列"这个操作,例如一个 3 列的矩阵,向左循环 0 位则为原矩阵,向左循环 1 位则表示新矩阵按原矩阵的第 2、3、1 列书写,向左循环 2 位则表示新矩阵按原矩阵的第 3、1、2 列书写;更多列数的矩阵亦如此循环。对矩阵Δ的第三维进行如下运算,可以使获得的矩阵Δ中每一列中的各条二值序列也为一组正交互补波形组。

$$\Delta'=\begin{bmatrix} \Delta_0^{\gamma_{00}} & \Delta_0^{\gamma_{01}} & \cdots & \Delta_0^{\gamma_{0(D-1)}} \\ \Delta_1^{\gamma_{10}} & \Delta_1^{\gamma_{11}} & \cdots & \Delta_1^{\gamma_{1(D-1)}} \\ \vdots & \vdots & & \vdots \\ \Delta_{I-1}^{\gamma_{(I-1)0}} & \Delta_{I-1}^{\gamma_{(I-1)1}} & \cdots & \Delta_{I-1}^{\gamma_{(I-1)(D-1)}} \end{bmatrix} \qquad (2.29)$$

其中，$\Delta_i^{\gamma_{id}}$ 表示对矩阵 Δ_i 每一列中的各条二值序列均做式(2.22)所示运算。

　　上述三种方法均需要一个初始的正交互补波形组构成的矩阵 Δ 来开始迭代扩展的过程。一种简便的方法是通过一组格雷对来获得初始的矩阵 Δ。设一组格雷对 (A_1, A_2)，A_1 与 A_2 的位数长度均为 L_0，那么可以利用下式生成矩阵 Δ：

$$\Delta = \begin{bmatrix} A_1 & A_2 \\ A_2 & -A_1 \end{bmatrix} \tag{2.30}$$

　　另外，注意到利用上述三种方法生成的矩阵 Δ' 的维度并不是完全一样的。若以式(2.30)所示的矩阵 Δ 为初始迭代矩阵，采用方法 A 和方法 B 迭代 r 次获得的矩阵 Δ' 的维度为 $2^{r+1} \times 2^{r+1} \times 2^r L_0$，而采用方法 C 迭代 r 次获得的矩阵 Δ' 的维度为 $2^r I \times 2^r D \times L_0$。

　　例 2.3：不失一般性，设一组格雷对 $(A_1, A_2) = (+\ +, +\ -)$，那么

$$\Delta = \begin{bmatrix} ++ & -+ \\ +- & -- \end{bmatrix}$$

　　对于方法 A，迭代 1 次获得的矩阵 Δ' 为

$$\Delta' = \begin{bmatrix} ++++ & --++ & -+-+ & +--+ \\ ++-- & ---- & -++- & +-+- \\ -+-+ & +--+ & ++++ & --++ \\ -++- & +-+- & ++-- & ---- \end{bmatrix}$$

　　对于方法 B，迭代 1 次获得的矩阵 Δ' 为

$$\Delta' = \begin{bmatrix} ++++ & -+-+ & --++ & +--+ \\ +--- & -+-- & -++- & +-+- \\ --++ & +--+ & ++++ & -+-+ \\ -++- & ++-- & +-+- & ---- \end{bmatrix}$$

对于方法 C，首先得到

$$\boldsymbol{\Delta}_0 = \begin{bmatrix} ++ & -+ \\ +- & -- \end{bmatrix}$$

$$\boldsymbol{\Delta}_1 = \begin{bmatrix} -+ & ++ \\ -- & +- \end{bmatrix}$$

另设一个列正交矩阵

$$\boldsymbol{\Gamma} = \begin{bmatrix} 1 & 1 \\ 1 & -1 \end{bmatrix}$$

则迭代 1 次获得的矩阵 $\boldsymbol{\Delta}'$ 为

$$\boldsymbol{\Delta}' = \begin{bmatrix} ++ & -+ & ++ & -+ \\ +- & -- & +- & -- \\ -+ & ++ & +- & -- \\ -- & +- & ++ & -+ \end{bmatrix}$$

可以验证，三种方法生成的矩阵 $\boldsymbol{\Delta}'$ 中的每一列均为一组正交互补波形组。

4. 一般互补波形组与特殊互补波形组

通常意义上，互补波形组的定义仅仅是满足式（2.19）要求的互补性。在一般情况下，互补波形组只有将其包含的所有二值序列的自相关函数求和才能满足互补性，缺一组不可，也即取出其中的任意 $2 \sim D-1$ 个二值序列均无法再组成其他互补波形组。比如式（2.21）所示的互补波形组，以及例 2.3 中通过方法 A 和方法 B 生成的互补波形组，任意取出其中的 $2 \sim 3$ 组二值序列均无法再组成新的互补波形组。对于这种情况，我们在本书中称之为"一般互补波形组"。

然而还有一种特殊的情况是，互补波形组可以由 $D/2$ 组非等价情况的格雷互补波形组成,这种互补波形组本书将其称之为"特殊互补波形组"。例如,例 2.3 中通过方法 C 生成的互补波形组,我们可以发现其第 1 列和第 2 列、第 3 列和第 4 列分别组成了两组无法等价的格雷互补波形。

需要指出的是,特殊互补波形组一定是正交互补波形组,而一般互补波形组可能是正交互补波形组,也可能是非正交互补波形组。作为互补波形组的两类不同存在形式,在第 5 章的研究中我们将进一步指出,这两类互补波形组具有不同的旁瓣抑制性能,从而会对互补波形联合设计方法获得的时延-多普勒图像中的旁瓣水平产生显著影响。

不失一般性,在后续的仿真实验中,如无特殊说明,我们都将采用由方法 C 生成的特殊互补波形组来研究各种波形设计方法,而进行对照实验所用的一般互补波形组将采用方法 B 生成。

2.3.2　互补波形组发射与接收流程

与格雷互补波形类似,互补波形组同样需要通过对其中二值序列的每一位码元进行基带调制以获得时域上的基带波形:

$$a_d(t) = \sum_{l=0}^{L-1} a_d(l)\Omega(t-lT_c), \quad d=0,1,\cdots,D-1 \quad (2.31)$$

同样,采用一组 (P,Q) 序列来决定互补波形组在发射信号脉冲串中的发射顺序以及在接收端进行匹配滤波时每个脉冲的权重。注意,与格雷互补波形不同的是,互补波形组的 P_{sets} 序列为一个 D 进制序列。

将互补波形组的发射信号(这里同样省略了载频调制)写为

$$z_{P_{\text{sets}}}(t) = \sum_{\substack{n=0 \\ p_{\text{sets}}(n)=d}}^{N-1} a_d(t-nT) \tag{2.32}$$

那么当 $p(n)=d$ 时，$z_{P_{\text{sets}}}(t)$ 中的第 $n+1$ 个发射 $a_d(t)$。

同理，将互补波形组经过正实数序列 Q 加权的接收端用于匹配滤波的信号记为

$$z_{Q_{\text{sets}}}(t) = \sum_{\substack{n=0 \\ p_{\text{sets}}(n)=d}}^{N-1} q_{\text{sets}}(n) a_d(t-nT) \tag{2.33}$$

如此一来，互补波形组同样可以根据文献[5]中的定义计算互补波形组脉冲串的模糊函数并分析其在 (t,F_D) 处的时延-多普勒图像：

$$\chi_{PQ_{\text{sets}}}(t,F_D) = \int_{-\infty}^{+\infty} z_{P_{\text{sets}}}(s) \exp(\text{j}2\pi F_D s) z_{Q_{\text{sets}}}^*(t-s) \text{d}s \tag{2.34}$$

从前面的讨论不难发现，当 $D=2$ 时，互补波形组会退化为格雷互补波形。

2.4 本章小结

本章主要讨论了格雷互补波形及互补波形组的基本知识。首先，详细介绍了格雷互补波形的性质与典型生成方法，并阐述了其发射与接收流程。接着，类似地介绍了互补波形组的性质与典型生成方法及其发射与接收流程。本章的主要研究工作与结论如下：

（1）总结了格雷互补波形的性质和典型生成方法。格雷互补波形的一个重要性质是其自相关函数之和为冲激函数，这使之可以在理论上完全消除信号匹配滤波后产生的旁瓣，实现雷达在距离向上的高分辨。格雷互补波形可以通过"交织"和"级联"的方法迭代扩展

生成任意码元位数长度为 2 的幂次方的格雷互补波形（需要经过基带调制），还可以根据 6 种等价变换生成一族同样码元位数长度的等价格雷对。另外，长度小于 100 且为非 2 的幂次方的格雷互补波形目前仅码元位数长度为 10，20，以及 26 时存在 4 组非等价情况。

（2）总结归纳了互补波形组的性质与典型生成方法。互补波形组是格雷互补波形的扩展形式，因此具有和格雷互补波形类似的性质，其同样可以通过"交织"和"级联"的方法迭代扩展生成任意码元位数长度为 2 的幂次方的互补波形组（需要经过基带调制），也可以通过 4 种等价变换衍生出若干组等价互补波形组，且具有更一般、更复杂的表达式。但与格雷互补波形不同的是，互补波形组存在位数长度为奇数的情况，但格雷互补波形的位数长度必须为偶数；另外，格雷互补波形的两个二值序列是相互正交的，而互补波形组存在正交互补波形组和非正交互补波形组两种情况；在此基础上，进一步讨论了互补波形组的另外两种不同存在形式，即一般互补波形组与特殊互补波形组。

本章研究的互补波形基本知识是全书研究内容的基础，目的在于帮助读者了解格雷互补波形与互补波形组的主要性质和发射与接收流程，为后续的研究内容提供必要的理论支撑。

参考文献

[1]　Golay M. Complementary series[J]. IRE Transactions on information theory，1961，7(2)：82-87.

[2]　涂宜锋，松藤信哉，范平志，等.基于生成函数的格雷对分析与构造[J]. 电子与信息学报，2010，32(2)：335-339.

［3］ Borwein P B，Ferguson R A. A complete description of Golay pairs for lengths up to 100［J］. Mathematics of Computation,2003,73 (246)：967-985.

［4］ Levanon N，Mozeson E. Radar signals［M］. NY：Wiley,2004.

［5］ Richards M A. Fundamentals of radar signal processing［M］. NY：McGraw-Hill Education,2005.

［6］ Tseng C C,Liu C L. Complementary sets of sequences［J］. IEEE Transactions on Information Theory,1972,18 (5)：644-652.

［7］ Golub G H,Loan C F V. Matrix computations［M］. 3rd ed. John Hopkins University Press,1996.

第3章

互补波形传统设计方法

3.1　引言

前两章我们讨论了合理设计互补波形的发射顺序和接收端权重能够显著影响时延-多普勒图像中的旁瓣水平和目标分辨率,并且相比直接设计波形本身更加容易方便。因此,本章将着重介绍互补波形的几种传统且常用的发射端与接收端设计方法。

本章的内容安排如下：3.2 节介绍了格雷互补波形的传统设计方法,包括标准设计方法、常用的发射端设计方法和接收端设计方法；3.3 节是互补波形组传统设计方法的介绍,类似地包括标准设计方法、常用的发射端设计方法和接收端设计方法；3.4 节对本章内容进行了小结。

3.2　格雷互补波形传统设计方法

本节首先介绍格雷互补波形的标准设计方法,然后分别介绍一阶里德-穆勒序列方法和二项式设计方法这两种发射端和接收端设计方法。

3.2.1　格雷互补波形标准设计方法

格雷互补波形标准设计方法包括发射端的标准顺序设计和接收端的标准权重设计两方面。根据式(2.5)(重写如下)

$$z_P(t) = \sum_{n=0}^{N-1} p(n)x(t-nT) + (1-p(n))y(t-nT)$$

我们定义 $P = \{1,0,1,0,\cdots\}$(或 $P = \{0,1,0,1,\cdots\}$)这样的交替序列为格雷互补波形的标准发射顺序。

另外,重写式(2.6)所示的接收端用于匹配滤波的信号如下:

$$z_Q(t) = \sum_{n=0}^{N-1} q(n)\big[p(n)x(t-nT) + (1-p(n))y(t-nT)\big]$$

我们定义 Q 为一个全1序列的情况为标准接收权重序列。

将格雷互补波形按照以上发射顺序和接收权重设计的方法称为格雷互补波形标准设计方法。在标准发射顺序与接收权重的基础上,我们可以通过接下来要介绍的格雷互补波形发射端与接收端设计方法赋予其标准顺序和权重以外的顺序和权值,从而在时延-多普勒图像中得到不同的旁瓣水平和目标分辨率。

3.2.2　格雷互补波形发射端设计方法

本节主要介绍格雷互补波形的一阶里德-穆勒序列方法。一阶里德-穆勒序列方法是由 Sofia Suvorova 等于 2007 年提出的一种格雷互补波形发射端设计方法。该方法基于一阶里德-穆勒序列的编码方式来确定格雷互补波形的发射顺序,并使得时延-多普勒图像中指定的某个多普勒值附近的距离旁瓣被抑制到最小值[1]。

记一阶里德-穆勒序列为 $RM(1,N)$,我们可以通过对一个 2^{M-1} 阶(即行、列数均为 2^{M-1})的沃尔什(Walsh)矩阵 $\boldsymbol{W}_{2^{M-1}}$[2-3](该矩阵也有学者称为哈达玛(Hadamard)矩阵[5-6])进行如下迭代来获得所有的长度为 $N=2^M(M,N\in\mathbb{N})$ 的一阶里德-穆勒序列:

$$\boldsymbol{W}_{2^{m+1}} = \begin{bmatrix} \boldsymbol{W}_{2^m} & \boldsymbol{W}_{2^m} \\ \boldsymbol{W}_{2^m} & -\boldsymbol{W}_{2^m} \end{bmatrix}, \quad m=0,1,\cdots,M-1 \qquad (3.1)$$

其中,$W_{2^0}=1$。

将迭代后的 Walsh 矩阵 $\boldsymbol{W}_{2^M}$ 中的所有 -1 值替换为 0,那么矩阵中的每一行(或者每一列,因为该矩阵是一个对称矩阵)均可以表示一组格雷互补波形的发射顺序,或者换句话说,代表一个 P 序列。因此,这个二进制的 Walsh 矩阵可以作为一个发射波形顺序库,对于任意一个在时延-多普勒图像中感兴趣的多普勒值,我们都可以在这个库中找到一组最佳的波形发射顺序,使得在这个多普勒值附近的距离旁瓣最小。注意,由于 x 和 y 中包含了相同的信号能量,所以在 Walsh 矩阵中,每一行的传输能量都是相等的。下面介绍根据某个具体的多普勒值选择最佳波形发射顺序的方法。

设 F_D 为某个目标的多普勒值,单位为 Hz。该多普勒值可以表示为弧度的形式[4]，即 $\theta_1 = F_D(2\pi T)$，此时单位为 rad。如果 $\theta_1 \notin [0, 2\pi]$rad，那么首先让 $\theta_1 \bmod \pm 2\pi$ 直到 $\theta_1 \in [0, 2\pi]$rad。然后，构造一个二进制序列 $[a_M, a_{M-1}, \cdots, a_1]$，并从 a_1 开始计算：

$$a_b = \begin{cases} 1, & \theta_b \in [0, \pi/2] \bigcup [3\pi/2, 2\pi]\text{rad} \\ 0, & \text{其他} \end{cases} \tag{3.2}$$

注意，从 $b=2$ 开始，需要在根据式(3.2)计算 $a_b(b=2, 3, \cdots, M)$ 之前替换 $\theta_b = 2\theta_{b-1}$，并且每次替换后，都需要先让 θ_b 被取余(modded)至 $[0, 2\pi]$rad 区间内。

重复上述操作直到获得 θ_M 的值，然后根据下式计算行数 x：

$$x = \sum_{b=1}^{M} 2^{b-1} a_b \tag{3.3}$$

则 Walsh 矩阵中第 $x+1$ 行的序列就表示可以使时延-多普勒图像中 θ_1 多普勒值附近的距离旁瓣最小的格雷互补波形的发射顺序，如图 3.1 所示。

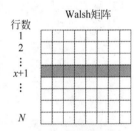

图 3.1　使时延-多普勒图像中 θ_1 多普勒值附近的距离旁瓣最小的格雷互补波形的发射顺序

例 3.1：设脉冲数目 $N = 2^3 = 8$，则利用式(3.1)可以得到下面的 Walsh 矩阵 $\boldsymbol{W}_{2^3}$：

$$
\boldsymbol{W}_{2^3} =
\begin{bmatrix}
1 & 1 & 1 & 1 & 1 & 1 & 1 & 1 \\
1 & 0 & 1 & 0 & 1 & 0 & 1 & 0 \\
1 & 1 & 0 & 0 & 1 & 1 & 0 & 0 \\
1 & 0 & 0 & 1 & 1 & 0 & 0 & 1 \\
1 & 1 & 1 & 1 & 0 & 0 & 0 & 0 \\
1 & 0 & 1 & 0 & 0 & 1 & 0 & 1 \\
1 & 1 & 0 & 0 & 0 & 0 & 1 & 1 \\
1 & 0 & 0 & 1 & 0 & 1 & 1 & 0
\end{bmatrix}
\tag{3.4}
$$

其中,将矩阵中的"-1"元素替换为"0"元素的操作可以通过对矩阵的每一个元素进行加 1 后除以 2 实现。可以看出,矩阵的第二行表示的是格雷互补波形的标准发射顺序,最后一行表示的是经过 PTM 设计[7]的格雷互补波形的发射顺序。图 3.2 展示了当时延和多普勒均为 0 处存在一个 0dB 的目标时,利用矩阵中各行所表示的发射顺序得

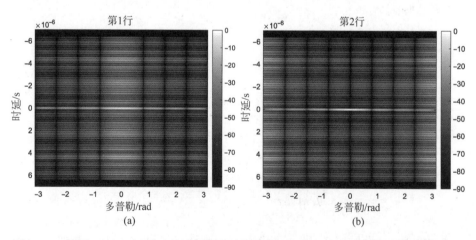

图 3.2 利用 Walsh 矩阵中不同发射顺序获得的时延-多普勒图像(图中幅度色条的单位为 dB)

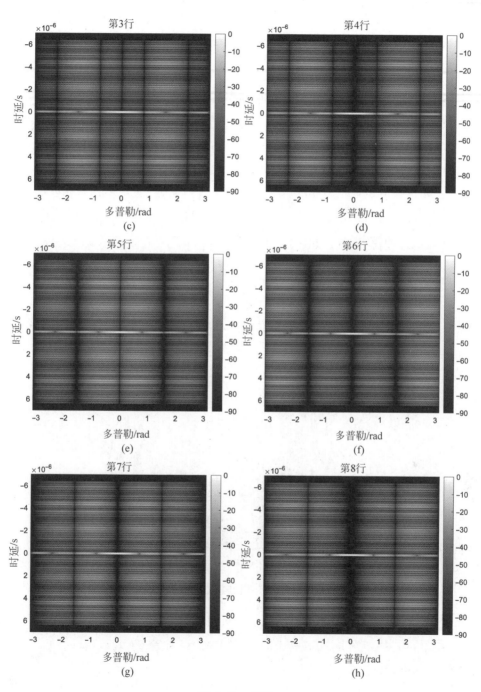

图 3.2 （续）

到的时延-多普勒图像(画图所需的各项参数将在 4.2.6 节给出)。从各子图中可以发现,在零多普勒线附近,PTM 设计具有最好的旁瓣抑制效果,也就是说相比其他发射顺序,PTM 设计的 $\mathcal{P}(F_D)$ 在 $F_D=0$ 处具有最高阶的导数为 0。根据式(2.18)及文献[8]的讨论可以得到,PTM 设计的 $\mathcal{P}(F_D)$ 前 M_D 阶导数为 0,其中 $M_D=M-1=\log_2 N-1=2$。

另外,不同的发射顺序可以使得不同多普勒附近的距离旁瓣被显著抑制。例如,对于一个给定的多普勒值,如 $\theta=0.75\mathrm{rad}$,可以根据式(3.2)计算得出二进制序列 $[a_3,a_2,a_1]=[0,1,1]$,即 $x=3$。因此,式(3.4)所示的 Walsh 矩阵中的第 4 行则表示可以使时延-多普勒图像中 θ 附近的旁瓣最小的最佳发射顺序。

图 3.3 给出了在 θ 处不同发射顺序的距离旁瓣对比,为上面的例子提供了更直观的理解。

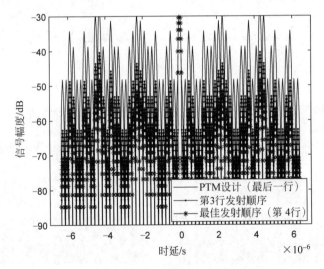

图 3.3　θ 处不同发射顺序的距离旁瓣对比

3.2.3　格雷互补波形接收端设计方法

本节主要介绍格雷互补波形接收端的二项式设计方法。二项式设计方法由 Dang Wenbing 等于 2011 年提出，与其他设计格雷互补波形的发射顺序（即设计 P 序列）的方法不同的是，二项式方法通过设计 Q 序列，即在接收端为各个脉冲加上不同的权重后进行匹配滤波。

在该设计方法中，P 序列为前面提到的格雷互补波形的标准发射顺序，即 $P=\{0,1,0,1,\cdots\}$；而 Q 序列满足 $\{q(n)\}_{n=0}^{N-1}=\{C_{N-1}^n\}_{n=0}^{N-1}$，其中 C_{N-1}^n 表示从 $N-1$ 个不同脉冲数目中取出 n 个脉冲数目的组合数。若要保持加权前后各个脉冲的总能量相等，可以设 $\{q(n)\}_{n=0}^{N-1}=\varepsilon\{C_{N-1}^n\}_{n=0}^{N-1}$，其中 $\varepsilon=N/\sum\limits_{n=0}^{N-1}C_{N-1}^n$ 表示能量归一化因子，这样设计不会影响距离旁瓣的分布。图 3.4 表示了二项式设计方法的信号处理流程，其中 $\chi_{\mathrm{BD}}(t,F_{\mathrm{D}})$ 表示采用二项式设计方法得到的时延-多普勒图像。

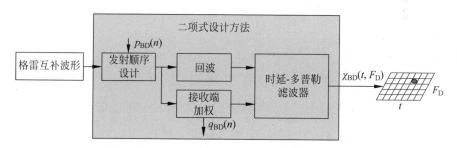

图 3.4　二项式设计方法的信号处理流程

利用式(2.15)可以将二项式设计方法的 $\mathcal{P}(F_{\mathrm{D}})$ 表示为

$$\mathcal{P}_{\mathrm{BD}}(F_{\mathrm{D}}) = \sum_{n=0}^{N-1} (-1)^n C_{N-1}^n \exp(\mathrm{j}2\pi F_{\mathrm{D}}nT)$$

$$= [1 - \exp(\mathrm{j}2\pi F_{\mathrm{D}}T)]^{N-1} \tag{3.5}$$

很明显，$\mathcal{P}_{\mathrm{BD}}(F_{\mathrm{D}})$ 的前 $(N-2)$ 阶导数等于 0，这是采用 (P,Q) 序列设计互补波形使其满足互补性的同时能够达到的最高阶数[9]。而相比之下标准设计方法的 $\mathcal{P}(F_{\mathrm{D}})$ 可推导为

$$\mathcal{P}_{\mathrm{std}}(F_{\mathrm{D}}) = \sum_{n=0}^{N-1} (-1)^n \exp(\mathrm{j}2\pi F_{\mathrm{D}}nT)$$

$$= \sum_{n=0}^{N-1} [-\exp(\mathrm{j}2\pi F_{\mathrm{D}}T)]^n \tag{3.6}$$

它仅有前 0 阶导数等于 0，这使得格雷互补波形在时延-多普勒图像中可以获得相当大的旁瓣抑制区域。事实上，导数等于 0 的阶数越高，可以获得的旁瓣抑制区域越大、区域内的旁瓣抑制性能越好，但相对地其多普勒分辨率也越差。

例 3.2：对于脉冲数目 $N=8$ 的格雷互补波形，二项式设计方法的 (P,Q) 序列表示为

$$P_{\mathrm{BD}}: \quad 0 \quad 1 \quad 0 \quad 1 \quad 0 \quad 1 \quad 0 \quad 1$$

$$Q_{\mathrm{BD}}: \quad C_7^0 \quad C_7^1 \quad C_7^2 \quad C_7^3 \quad C_7^4 \quad C_7^5 \quad C_7^6 \quad C_7^7$$

此时，$\mathcal{P}_{\mathrm{BD}}(F_{\mathrm{D}})$ 为 0 的导数阶数为 $N-2=6$，具有比 PTM 设计方法明显更高的阶数。通过本例还可以发现，二项式设计方法使格雷互补波形在接收端的第 1 个脉冲和最后一个脉冲、第 2 个脉冲和倒数第 2 个脉冲⋯⋯分别具有同样的权重，这样才能保证在匹配滤波时每个 $x(t)$ 都有一个与之权重相等的 $y(t)$ 以满足互补性。因此若要满足互补性要求，不论采用前面介绍的 PTM 设计方法还是二项式设计方法，格雷互补波形发射的脉冲数目均必须为偶数。

图 3.5 直观地比较了格雷互补波形标准采用发射顺序、PTM 设计方法和二项式设计方法在时延-多普勒图像上的不同旁瓣抑制效果（画图所需的各项参数将在 4.2.6 节给出）。

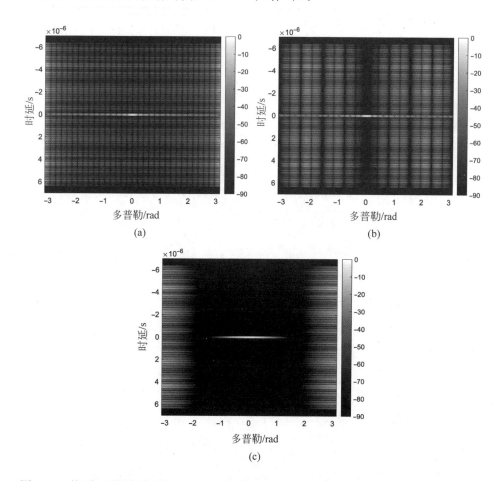

(a)

(b)

(c)

图 3.5　格雷互补波形采用：(a)标准设计方法；(b)PTM 设计方法；(c)二项式设计方法；在时延-多普勒图像上的不同旁瓣抑制效果(图中幅度色条的单位为 dB)

从图中结果可以发现，三种方法中标准设计方法的旁瓣分布非常均匀，PTM 设计方法在零多普勒线附近获得了一定的旁瓣抑制能力,而二项式设计方法的旁瓣抑制效果最好,能够获得最大的旁瓣抑制区域(在本章中表示图像中旁瓣低于-90dB 的区域),但相对应地,标准设计方法和 PTM 设计方法的多普勒分辨性能要显著优于二项式设计方法。事实上,二项式设计方法通过接收端加权对目标和旁瓣的能量进行了重新分配,将距离旁瓣的能量从目标附近推到了我们不感兴趣的时延-多普勒图像的两边。另外,该方法也不可避免地出现了以下问题:

(1) 严重牺牲了目标的多普勒分辨率,这使得两个多普勒较为相近的目标难以被区分开来;

(2) 增加了一部分区域的旁瓣能量(虽然通常这部分区域是我们不感兴趣的区域),导致如果有一个弱目标落在了其他强目标产生的旁瓣区域,将难以被检测;

(3) 一定程度上损失了目标的 SNR,这也是所有加权类方法共同存在的问题之一。

其中,前两个问题对于格雷互补波形的目标检测,特别是在多目标检测环境下尤为严重。

除二项式设计方法外,我们还可以采用其他[如海明(Hamming)窗、汉宁(Hanning)窗、布莱克曼(Blackman)窗等]窗函数加权的方法设计格雷互补波形的接收权重[10],它们的原理比较相似,得到的结果也总体上都是能够增大旁瓣抑制区域,但会损失多普勒分辨率,区别在于不同的加权方法能够获得的旁瓣抑制区域大小和程度以及多普勒分辨率的损失不一样。例如,图 3.6 展示了采用海明窗设计方法的时延-多普勒图像,对比图 3.5(c)可以发现,海明窗设计方法相比二项式设计方法具有更大的旁瓣抑制区域,多普勒分辨率也提高了近一倍,但旁瓣抑制的程度仅略优于标准设计方法。

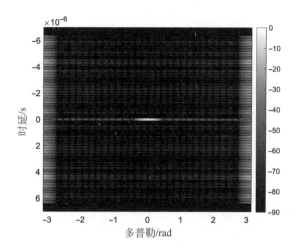

图 3.6 格雷互补波形采用海明窗设计方法在时延-多普勒图像上的旁瓣抑制效
果(图中幅度色条的单位为 dB)

3.3 互补波形组传统设计方法

本节阐述互补波形组的标准设计方法以及广义 PTM 设计方法
这种发射端设计方法,然后分析了二项式设计方法等接收端设计方
法应用于互补波形组时的性能。

3.3.1 互补波形组标准设计方法

与格雷互补波形类似,互补波形组的标准设计方法也包括发射
端的标准顺序设计和接收端的标准权重设计两方面。重写式(2.32)和
式(2.33)如下:

$$z_{P_{\text{sets}}}(t) = \sum_{\substack{n=0 \\ p_{\text{sets}}(n)=d}}^{N-1} a_d(t-nT)$$

$$z_{Q_{\text{sets}}}(t) = \sum_{\substack{n=0 \\ p_{\text{sets}}(n)=d}}^{N-1} q_{\text{sets}}(n)a_d(t-nT)$$

$P_{\text{sets}} = \{0,1,\cdots,D-1,0,1,\cdots,D-1,\cdots\}$（或 $P_{\text{sets}} = \{D-1,D-2,\cdots,$ $0,D-1,D-2,\cdots,0,\cdots\}$）表示互补波形组的标准发射顺序；$Q_{\text{sets}}$ 为全 1 序列时表示互补波形组的标准权重序列,这与格雷互补波形相同。

很明显,在 $D=2$ 时,式(2.32)与式(2.33)将等价于 2.2.2 节中的式(2.5)与式(2.6)。

3.3.2　互补波形组发射端设计方法

本节主要介绍互补波形组的广义 PTM 设计方法。顾名思义,广义 PTM 设计方法是对格雷互补波形的 PTM 设计方法的扩展。该方法的概念早在 2007 年就已由 Stephen Howard 和 Bill Moran 等提出[11],但由于结果没有发表,该方法最早公开于文献[12]中,并在文献[13]中被进一步研究。

广义 PTM 设计方法实际上是设计了一串 P_{GPTM} 序列,通常称为广义 PTM 序列,用以决定互补波形组的发射顺序,接收端的加权序列仍为标准权重序列。当发射脉冲数目为 N 时,对于一个由 D 组二值序列组成的互补波形组来说,广义 PTM 序列的具体生成步骤包括:

(1) 设序列 $S=[0,1,\cdots,N-1]$;

(2) 将序列 S 中的元素转换为 D 进制数表示,记为 S_D;

（3）$P_{\text{GPTM}}(n)=\text{mod}[c_d(S_D(n)),D]$。其中 $c_d(\cdot)$ 函数表示将 $S_D(n)$ 的每一位数相加得到的和，例如 $c_d(128)=1+2+8=11$。

例 3.3：不失一般性，本例中我们以 $N=16$ 的情况来对 D 等于不同值时生成的广义 PTM 序列进行比较分析，此时，

$$S=[0,1,2,3,4,5,6,7,8,9,10,11,12,13,14,15]$$

当 $D=2$ 时，

$$S_D=[0,1,10,11,100,101,110,111,1000,1001,1010,1011,1100,1101,$$
$$1110,1111]$$

$$P_{\text{GPTM}}=[0,1,1,0,1,0,0,1,1,0,0,1,0,1,1,0]$$

此时广义 PTM 设计方法退化为基于格雷互补波形的 PTM 设计方法，该 P 序列则表示传统意义上的 PTM 序列[14]。

当 $D=3$ 时，

$$S_D=[0,1,2,10,11,12,20,21,22,100,101,102,110,111,112,120]$$
$$P_{\text{GPTM}}=[0,1,2,1,2,0,2,0,1,1,2,0,2,0,1,0]$$

当 $D=4$ 时，

$$S_D=[0,1,2,3,10,11,12,13,20,21,22,23,30,31,32,33]$$

$$P_{\text{GPTM}}=[0,1,2,3,1,2,3,0,2,3,0,1,3,0,1,2]$$

图 3.7 展示了互补波形组分别采用标准发射顺序、广义 PTM 设计方法与格雷互补波形对应采用标准发射顺序、PTM 设计方法的旁瓣抑制效果（画图所需的各项参数将在 4.3.6 节给出，画图时各方法的发射脉冲数目均为 64）。比较上述对应波形设计方法能够发现，互补波形组可以获得与格雷互补波形类似的旁瓣抑制效果与多普勒分辨率。

需要重申的是，图 3.7(a) 和图 3.7(b) 的结果是采用 2.3.1 节中定义的"特殊互补波形组"得到的；对应地，我们将"一般互补波形组"

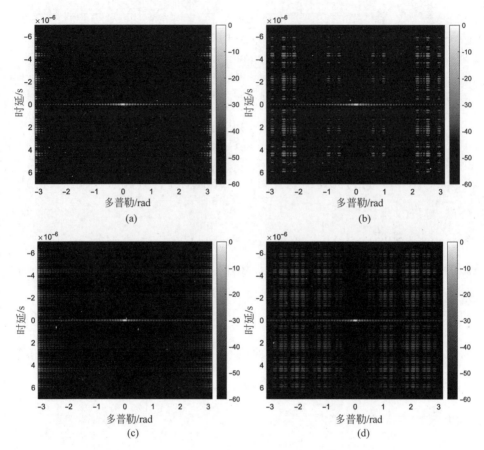

图 3.7   互补波形组分别对应采用：(a)标准发射顺序；(b)广义 PTM 设计
方法与格雷互补波形分别对应采用：(c)标准发射顺序；(d)PTM
设计方法在时延-多普勒图像上的不同旁瓣抑制效果(图中幅度色
条的单位为 dB，注意这里由于使用的脉冲数目 N 和图像显示门限
DL 与图 3.5 中不一样，因此导致图 3.7(c)与图 3.5(a)、图 3.7(d)
与图 3.5(b)出现了不一样的显示效果)

采用标准发射顺序和广义 PTM 设计方法的结果展示如图 3.8 所示。
从该结果可以很明显地看到，一般互补波形组的旁瓣抑制能力比特
殊互补波形组要差很多，并且出现了 4 个疑似的虚假目标。

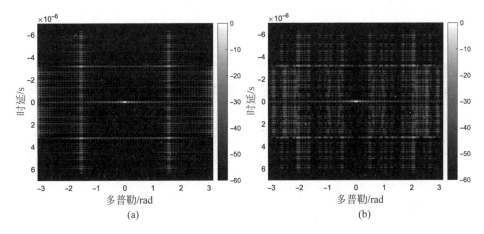

图 3.8　一般互补波形组分别对应采用：(a)标准发射顺序；(b)广义 PTM
设计方法的时延-多普勒图像(图中幅度色条的单位为 dB)

3.3.3　互补波形组接收端设计方法

在目前已公开发表的文献中，我们很少见到区别于格雷互补波
形单独对互补波形组接收端进行设计的方法。因此，本节将延续在
格雷互补波形中介绍的二项式设计方法与海明窗设计方法这两种接
收端设计方法，将其应用于互补波形组，并分析比较其相较于应用在
格雷互补波形时的旁瓣抑制与目标分辨性能。

与 3.2.3 节对应，本节同样展示二项式设计方法与海明窗设计方
法(画图所需的各项参数将在 4.3.6 节给出，画图时各方法的发射脉
冲数目均为 64)。首先，将格雷互补波形这两种设计方法的结果展示
如图 3.9 所示。

接下来，画出特殊互补波形组这两种设计方法的结果，如图 3.10
所示。可以发现，特殊互补波形组得到的结果与格雷互补波形在同
样的参数条件下完全一致，这说明前面提到的接收端加权类方法对

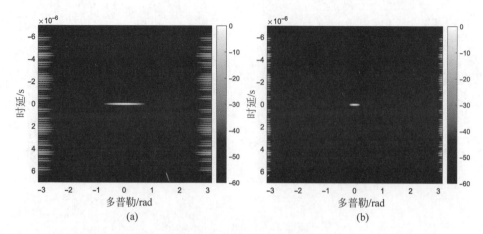

图 3.9　格雷互补波形分别对应采用：(a)二项式设计方法；(b)海明窗设计
方法的时延-多普勒图像(图中幅度色条的单位为 dB)

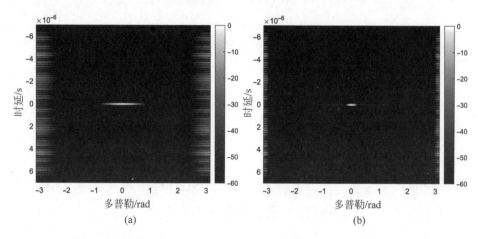

图 3.10　特殊互补波形组分别对应采用：(a)二项式设计方法；(b)海明窗
设计方法的时延-多普勒图像(图中幅度色条的单位为 dB)

格雷互补波形和特殊互补波形组均适用。

　　另外，从图 3.11 所示的一般互补波形组的结果可以对比得到，上述两种设计方法不能很好地抑制一般互补波形组的旁瓣，而且与图 3.10 类似，相比图 3.7 显著损失了多普勒分辨率。

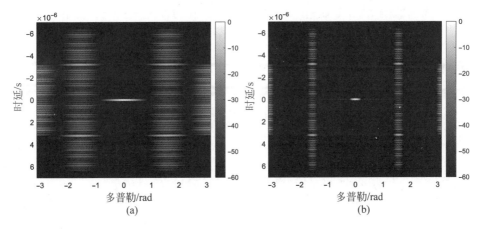

图 3.11　一般互补波形组分别对应采用：(a)二项式设计方法；(b)海明窗
设计方法的时延-多普勒图像(图中幅度色条的单位为 dB)

3.4　本章小结

本章主要讨论互补波形传统设计方法。首先介绍格雷互补波形
传统设计方法,即格雷互补波形的标准设计方法,以及一阶里德-穆勒
序列方法和二项式设计方法这两种发射端和接收端设计方法；然后
类似地介绍互补波形组传统设计方法,并直观地比较了特殊互补波
形组和一般互补波形组在各种设计方法中所具有的不同旁瓣水平。
本章的主要研究工作与结论如下：

(1)总结了格雷互补波形和互补波形组的标准设计方法。格雷
互补波形的标准设计方法即发射顺序为交替序列、接收权重为全 1 序
列的设计方法；互补波形组的标准设计方法即发射顺序为从任意一
个序列开始往后或往前的循环序列、接收权重为全 1 序列的设计
方法。

（2）回顾了格雷互补波形的两种常用的发射端和接收端设计方法。一阶里德-穆勒序列方法是通过 Walsh 矩阵的各行（或各列）来确定格雷互补波形发射顺序的方法，该方法可以计算得到在给定多普勒值的附近旁瓣最小的发射顺序。二项式设计方法是通过对格雷互补波形接收权重重新赋值后进行匹配滤波的接收端设计方法，它利用二项式系数对匹配滤波信号进行重新加权，可获得非常好的旁瓣抑制能力，但同样会显著降低多普勒分辨率。

（3）分析讨论了互补波形组常用的发射端和接收端设计方法的旁瓣抑制性能。广义 PTM 设计方法是由 PTM 设计方法扩展而来的互补波形组发射端设计方法，它可以使互补波形组在零多普勒线附近一小片区域的旁瓣得到有效抑制。另外，对于互补波形组尚未发现更多的接收端设计方法，通常仍是沿用格雷互补波形所采用的接收端设计方法。值得指出的是，本节的对比结果表明，采用一般互补波形组不论是发射端还是接收端设计方法，其旁瓣抑制能力相比特殊互补波形组都受到了极大削弱，且由于生成一般互补波形组与生成特殊互补波形组的成本几乎一样，因此我们可以直观地整理出下面的论述，即若要使用互补波形组作为雷达目标检测问题中的发射波形，通常不建议发射一般互补波形组，而应当采用特殊互补波形组。第 5 章将通过理论推导对该论述进行进一步阐释。

本章是对互补波形传统设计方法的归纳回顾，为之后的雷达目标检测互补波形联合设计方法研究提供研究基础与方法对比。

参考文献

[1] Suvorova S, Howard S, Moran B, et al. Doppler resilience, Reed-Müller

codes and complementary waveforms[C]. Conference Record of the Forty-First Asilomar Conference on Signals, Systems and Computers (ASILOMAR),2007: 1839-1843.

[2] Cai Z,Zhao H,Jia M,et al. An improved Hadamard measurement matrix based on Walsh code for compressive sensing[C]. 9th International Conference on Information,Communications Signal Processing,2013: 1-4.

[3] Ho C K,Cheong J H, Lee J,et al. High bandwidth efficiency and low power consumption Walsh code implementation methods for body channel communication[J]. IEEE Transactions on Microwave Theory and Techniques,2014,62 (9): 1867-1878.

[4] Richards M A. Fundamentals of radar signal processing [M]. New York: McGraw-Hill Education,2005.

[5] Larsen R,Madych W. Walsh-like expansions and hadamard matrices [J]. IEEE Transactions on Acoustics, Speech, and Signal Processing, 1976,24 (1): 71-75.

[6] Gan L,Li K,Ling C. Golay meets Hadamard: Golay-paired Hadamard matrices for fast compressed sensing [C]. IEEE Information Theory Workshop,2012: 637-641.

[7] Pezeshki A,Calderbank A R,Moran W,et al. Doppler resilient Golay complementary waveforms [J]. IEEE Transactions on Information Theory,2008,54(9): 4254-4266.

[8] Dang W,Pezeshki A, Howard S, et al. Coordinating complementary waveforms for sidelobe suppression[C]. Conference Record of the Forty-Fifth Asilomar Conference on Signals, Systems and Computers (ASILOMAR),2011: 2096-2100.

[9] Dang W,Pezeshki A, Howard S, et al. Coordinating complementary waveforms for suppressing range sidelobes in a Doppler band[J]. Arxiv preprint arxiv. 2001. 09397,2020: 1-13.

[10] Levanon N,Cohen I,Itkin P. Complementary pair radar waveforms-evaluating and mitigating some drawbacks[J]. IEEE Aerospace and Electronic Systems Magazine,2017,32 (3): 40-50.

[11] Howard S,Moran B. Notes on Doppler tolerant complementary waveforms[Z]. 2007. Unpublished notes. Information obtained through private communication with Bill Moran.

[12] Tang J, Zhang N, Ma Z, et al. Construction of Doppler resilient complete complementary code in MIMO radar[J]. IEEE Transactions on Signal Processing, 2014, 62 (18): 4704-4712.

[13] Nguyen H D, Coxson G E. Doppler tolerance, complementary code sets, and generalized Thue-Morse sequences[J]. IET Radar, Sonar & Navigation, 2016, 10 (9): 1603-1610.

[14] Allouche J P, Shallit J. The ubiquitous Prouhet-Thue-Morse sequence [C]. Sequences and their applications, Proceedings of SETA'98, 1999: 1-16.

第4章

雷达目标检测互补波形联合设计方法

4.1 引言

前面我们详细介绍分析了互补波形的传统设计方法,并且发现了设计互补波形的发射顺序和接收端权重会在时延-多普勒图像中获得不同的旁瓣抑制效果和多普勒分辨能力。但是,获得这些性能的一个重要前提是互补波形的发射端和接收端设计都是单独进行的。因此我们自然而然地会想,如果同时对互补波形进行发射端和接收端设计,是否能够综合二者在旁瓣抑制和多普勒分辨性能方面的优势?不幸的是,直接同时采用这两种设计方法的性能远不及仅采用其中一种的输出结果。如图 4.1 所示的仿真结果表明,二项式设计方法这类接收端加权类方法不能和改变发射顺序的方法同时使用,因为这样会破坏各脉冲间互补波形的互补性,所以并不能进一步改善旁瓣抑制效果,反而会引起性能的下降[1]。

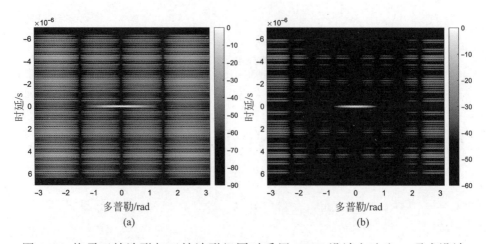

图 4.1   格雷互补波形与互补波形组同时采用 PTM 设计方法和二项式设计
方法在时延-多普勒图像上的旁瓣抑制效果对比：(a)格雷互补波形
同时采用 PTM 设计方法和二项式设计方法在时延-多普勒图像上
的旁瓣抑制效果(画图所需的各项参数将在 4.2.6 节给出,画图时该
方法的发射脉冲数目为 32)；(b)互补波形组同时采用广义 PTM 设
计方法和二项式设计方法在时延-多普勒图像上的旁瓣抑制效果(画
图所需的各项参数将在 4.3.6 节给出,画图时该方法的发射脉冲数
目为 64)(图中幅度色条的单位为 dB)

另外,尽管二项式设计方法等接收端加权类方法能够适用于特
殊互补波形组,但这并不是一种针对互补波形组的新的设计方法,且
其带来的多普勒分辨率损失仍然是难以接受的,所以我们迫切地希望
找到一种能够减少多普勒分辨率损失的互补波形组接收端设计方法。

鉴于上述两方面原因,本章作为全书的核心章节,将通过对互补波
形发射端和接收端进行合理的联合设计来综合两类设计方法在旁瓣抑
制和多普勒分辨性能上的优势,对格雷互补波形和互补波形组分别研
究一种有效提升旁瓣抑制性能和多普勒分辨能力的联合设计方法。

本章的内容安排如下：4.2 节研究了一种格雷互补波形目标检

测联合设计方法,该方法能够有效降低多目标情况下各目标附近及整体的旁瓣水平;4.3 节研究了一种互补波形组的目标检测联合设计方法,该方法能够在获得与传统二项式设计方法相当的旁瓣抑制区域和多普勒分辨率的同时,将脉冲积累时间减少一半;4.4 节对本章内容进行了小结。

4.2　格雷互补波形目标检测联合设计方法

雷达系统分辨率的提高,使得多目标分辨成为一项雷达目标检测中可能完成的任务。对于现代雷达系统来说,多目标分辨在有效检测编队飞行的目标[2]、智能分辨公路上的交通工具等问题上具有重要作用。影响多目标分辨效果的一个主要因素是旁瓣。旁瓣的出现会导致真实的弱目标被淹没,并产生虚假目标。常用的雷达波形,包括 LFM 波形、步进频波形等经匹配滤波后,距离向上均存在显著旁瓣,从而对多目标分辨产生不同程度的影响。格雷互补波形的互补性可以在理论上完全消除匹配滤波后产生的旁瓣,使匹配滤波的输出达到很高的分辨率,在提高多目标分辨效果方面具有相当可观的应用前景。但是,格雷互补波形的互补性面临的一个主要问题是对匹配滤波的多普勒失配相当敏感。当目标存在明显的多普勒频移时,会严重破坏格雷互补波形的互补性,使时延-多普勒图像的非零多普勒区域出现很高的距离旁瓣。现有的格雷互补波形设计方法,如 PTM 设计方法和二项式设计方法等,尽管在很大程度上改善了格雷互补波形对目标的多普勒容忍度,增大了目标附近的旁瓣抑制区域,然而时延-多普勒图像的其他位置依然存在显著的旁瓣。在多目标检测时,若有目标出现在这些旁瓣附近,将仍难以被有效检测。

根据前面的介绍和讨论,我们发现改变发射顺序的方法和改变接收端权重的方法在性能上各有优劣。例如,一阶里德-穆勒序列方法能实现时延-多普勒图像中任意一处给定的多普勒值附近的旁瓣抑制,且根据之前的分析可以发现,当脉冲数目 N 积累得越多时,我们可以通过式(3.2)和式(3.3)更精确地选择旁瓣抑制效果最佳的发射序列;但是该方法通常只对单目标情况具有较好的旁瓣抑制效果,当场景中有多个强弱不一的目标时,若只对某一个目标附近进行旁瓣抑制,其余目标仍有可能被淹没在旁瓣中。反观二项式设计方法,它在时延-多普勒图像中获得了非常大的旁瓣抑制区域,可以让强目标附近的弱目标更容易被发现,但是它相比一阶里德-穆勒序列方法严重牺牲了目标的多普勒分辨率,并且该方法中存在的旁瓣具有比一阶里德-穆勒序列方法中的旁瓣更高的平均能量,所以如果弱目标正好位于强目标的旁瓣中的极端情况,它将比在一阶里德-穆勒序列得到的结果中更难被检测到。

为了综合上述两类方法的优点,解决多目标情况下的旁瓣抑制问题,本节基于地基单基地雷达研究了一种格雷互补波形目标检测联合设计方法,使该波形能在多个具有不同多普勒的运动目标场景中较好地抑制距离旁瓣,实现更有效的目标检测。如图 4.2 所示,图中 R 表示所采用的联合设计方法输出的时延-多普勒图像的数量。该方法在采用二项式设计方法的同时,平行采用了后续介绍的三种方法中的一种,然后,利用一个非线性处理器结合并行的两种波形设计方法的处理结果。本方法的最终输出结果可以实现对多个目标多普勒附近的距离旁瓣抑制,同时保持目标的多普勒分辨率不会显著下降。在后续的讨论中将会指出,采用非最小值处理器有可能会在消除旁瓣的同时将目标一并消除,为避免这样的情况出现,我们在 4.3 节研究互补波形组目标检测联合设计方法时提供了一种线性的替代处理,即逐点相加处理。附录中指出逐点相加处理同样能够使格雷互补波形目标检测联合设计方法的最终输出结果实现显著的旁瓣抑制。

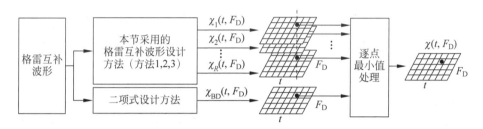

图 4.2　格雷互补波形目标检测联合设计方法处理流程

下面具体介绍流程中用到的三种波形设计方法。注意,后续要介绍的方法 2 和方法 3 需要利用到目标的多普勒信息,该信息目前已有较为完善的理论上的估计方法,例如利用一个跟踪器,通过各类谱分析方法(如卡尔曼滤波等)获得目标的多普勒估计值[3](该部分内容超出了本书重点讨论的内容范围,故这里不做更深入的分析研究)。文献[4]的 2.3.3 节和 2.3.4 节也具体提供了一种针对格雷互补波形的目标时延(时延的估计可以为 4.2.5.3 节的显著旁瓣估计提供帮助)与多普勒的估计方法。在后文中,我们认为多个目标的多普勒均是已知的,这样可以比较方便地通过仿真来分析各个波形设计方法的性能。但是实际应用中,如何利用格雷互补波形准确地获得目标的多普勒信息还需要进一步研究。

4.2.1　方法 1:基于 Walsh 矩阵的信号处理方法

通过前面的讨论可以发现,Sofia Suvorova 等提出的方法[5]实际上是采用一个基于一阶里德-穆勒序列的波形发射顺序库来对应时延-多普勒图像中所有被量化的多普勒值。通过 Walsh 矩阵中不同行代表的发射顺序发射的格雷互补波形可以在不同部分的多普勒单元上获得很好的旁瓣抑制效果,并且随着脉冲数目 N 的增加,该发射顺序就可以在更精确(更小)的多普勒单元上获得更低的距离旁瓣。

所以,我们可以预见利用 Walsh 矩阵控制格雷互补波形的发射顺序可以达到的最好的旁瓣抑制效果就是采用矩阵中的所有行所表示的发射顺序进行发射,然后采用某些方式将所有的输出结合起来,这种设计方法我们记为"方法 1:基于 Walsh 矩阵的信号处理方法"。后面将介绍,一种有效的结合方式就是采用逐点最小值处理。令图 4.2 中的 $R=N$,则图 4.2 表示了方法 1 的流程结构,其中 $\chi_{1_1}(t, F_D) \sim \chi_{1_N}(t, F_D)$ 表示利用方法 1 输出的 N 幅时延-多普勒图像。该方法可以充分利用每一行的发射顺序对不同的多普勒单元附近的旁瓣抑制性能,最终对图像上所有的多普勒产生全局的旁瓣抑制。

尽管如此,该方法需要传输 N 组格雷互补波形的脉冲串,每组包括具有不同发射顺序的 N 个脉冲。这 N 组脉冲串或在时域上串行传输,这样会非常耗时;或在空间上并行传输,这样又会增加系统的复杂度。因此该方法虽然能获得 3 种方法中最好的旁瓣抑制效果,但其应用价值仍有待进一步提高。

4.2.2　方法 2:基于目标多普勒的信号处理方法

为解决使用方法 1 时出现的问题,我们研究了一种可以减小传输时间或系统复杂度的替代方法——"方法 2:基于目标多普勒的信号处理方法"。通常在时延-多普勒图像中,我们只需要抑制目标附近的距离旁瓣就能达到目标检测的效果,因此不一定需要将图像中所有的多普勒线上的旁瓣都进行抑制。方法 2 则是对每个目标的多普勒值选用 Walsh 矩阵的一行发射脉冲串,从而达到减小计算量,同时抑制目标附近的距离旁瓣的目的。令 $R=H$,则图 4.2 表示了方法 2 的流程结构,其中 H 表示场景中具有不同多普勒的目标数目,$\chi_{2_1}(t, F_D) \sim \chi_{2_H}(t, F_D)$ 表示利用方法 2 输出的 H 幅时延-多普勒图像。

值得注意的是,该方法的复杂度取决于场景中具有不同多普勒的目标数目。若具有不同多普勒的目标数目不小于 Walsh 矩阵的行数,即 $H \geqslant N$ 时,则方法 2 与方法 1 等价。这表明方法 2 更加适用于目标数较少的情况,当场景中的目标多普勒值较多时,该方法仍然具有较高的复杂度。

4.2.3　方法 3：加权平均多普勒方法

为了进一步减小格雷互补波形联合设计方法的计算量,我们想到能否基于多个目标的多普勒值选取相对更优的一行作为发射顺序,这样就能在兼顾各个多普勒附近的旁瓣抑制的同时较少地增加流程的复杂度。根据以上想法我们研究了一种改进的方法,即“方法 3：加权平均多普勒方法”。该方法综合考虑了目标的幅度和多普勒,并根据目标的幅度对多普勒进行加权平均,计算出一个加权平均多普勒,然后根据这个值选择 Walsh 矩阵中的某一行作为发射顺序。事实上,该方法是在复杂度和旁瓣抑制性能上采取的一种折中方案。

具体来说,若仅选用一行来进行发射,我们希望这一行所对应的旁瓣抑制区域的多普勒线能更加靠近场景中较弱的目标,因为场景中的强目标通常更容易在旁瓣中被检测,而弱目标则需要更好的旁

瓣抑制效果来将它们突出。因此,我们利用下面的方法计算加权平均多普勒 $\bar{f}_d$:

$$\bar{f}_d = \begin{cases} \dfrac{\displaystyle\sum_{h=1}^{H} f_{d_h}}{H}, & \text{全部 } A_h \text{ 值相等} \\[4ex] \dfrac{\displaystyle\sum_{h=1}^{H} (1-A_h) f_{d_h}}{\displaystyle\sum_{h=1}^{H} (1-A_h)}, & \text{其他} \end{cases} \tag{4.1}$$

其中,A_h 和 f_{d_h} 分别表示场景中第 h 个目标的幅度和多普勒,$h=1,2,\cdots,H$。然后,根据 $\bar{f}_d$ 选择 Walsh 矩阵中的一行作为旁瓣抑制性能相对更优的发射顺序。令图 4.2 中的 $R=1$,则图 4.2 表示了方法 3 的流程结构,其中 $\chi_{3_{\bar{f}_d}}(t, F_D)$ 表示利用方法 3 输出的时延-多普勒图像。

由于方法 3 在计算量和旁瓣抑制性能上进行了取舍,因此它相比方法 1 和方法 2 的计算效率更高,但是同时也具有更高的虚警概率。

4.2.4 逐点最小值处理

如前所述,二项式设计方法可以在模糊函数的零多普勒线附近获得非常大的旁瓣抑制区域,但同时也严重降低了目标的多普勒分辨率,且对多目标情况的旁瓣抑制效果不明显;另外,4.2.1 节~4.2.3 节研究的 3 种波形设计方法虽然无法获得与二项式设计方法相当的旁瓣抑制区域,但它们具有更好的多普勒分辨率以及多目标检测性能。为了结合两种方法的优点,我们想到可以将两种方法输出的时延-多普勒图像进行逐点最小值处理,这样就能在理论上既获得了大的旁瓣抑制区域,又能保持比较好的多普勒分辨率。上述 3 种方法与二项式设计方法的逐点最小值处理可以表示为

$$\chi_1(t,F_D) = \min[\chi_{1_1}(t,F_D),\cdots,\chi_{1_u}(t,F_D),\cdots,$$
$$\chi_{1_N}(t,F_D),\chi_{BD}(t,F_D)] \tag{4.2}$$

$$\chi_2(t,F_D) = \min[\chi_{2_1}(t,F_D),\cdots,\chi_{2_h}(t,F_D),\cdots,\chi_{2_H}(t,F_D),$$
$$\chi_{BD}(t,F_D)] \tag{4.3}$$

$$\chi_3(t,F_D) = \min[\chi_{3_{\bar{f}_d}}(t,F_D),\chi_{BD}(t,F_D)] \tag{4.4}$$

其中,$\chi_1(t,F_D)$,$\chi_2(t,F_D)$ 和 $\chi_3(t,F_D)$ 分别表示方法 1、方法 2 和方法 3 经过逐点最小值处理后最终输出的时延-多普勒图像,$u=1$,$2,\cdots,N$,$h=1,2,\cdots,H$。

这里我们做一个假设,在整个雷达照射过程中,各个目标的时延和多普勒保持不变,这样各个目标在每个方法中各时延-多普勒图像中的位置与幅度将都保持不变,但是距离旁瓣会随着不同的波形设计方法在各图像中发生变化。那么经过逐点最小值处理后,在理论上,最终输出的时延-多普勒图像中代表目标的点将会保持很高的幅度,同时代表旁瓣位置的幅度将会被明显地抑制,如此获得了最终图像中的大旁瓣抑制区域并保持了目标的多普勒分辨率不被显著降低。然而需要指出的是,逐点最小值处理实际上是直接减少了旁瓣的能量,而不是像其他的波形设计方法将旁瓣能量分布到其他区域。在实际场景,甚至是在充分考虑了实际因素的仿真实验中,目标在时延-多普勒图像中的位置会由于目标的微动或目标附近的旁瓣及噪声起伏产生偏移,从而导致目标显示幅度会出现一定程度的振荡。显然,如果目标的幅度振荡过大,逐点最小值处理很有可能在减少旁瓣

能量的同时将目标的幅度一并削弱,使目标可能无法被检测到。

在 4.2.5 节,我们将会就这个问题分析逐点非线性处理的有效性,并通过数值与图形分析,给出一个目标位置在时延-多普勒图像上的"可容忍偏移区域",在这个区域内,逐点最小值处理仍可以获得令人接受的旁瓣抑制性能。此外,我们还将在 4.2.6 节对多个斯威林二型(Swerling Ⅱ)目标进行目标检测的统计仿真,进一步验证此非线性处理的有效性。

4.2.5　联合设计方法性能分析

本节分析了格雷互补波形联合设计方法的性能。首先,比较了二项式设计方法与方法 1 至方法 3 的计算量;其次,分析了在何种情况下逐点非线性处理可以获得令人满意的旁瓣抑制性能;然后,我们对时延-多普勒图像中出现的显著旁瓣区域进行了估计。

4.2.5.1　计算量分析

根据式(2.14),$\chi_{\mathrm{BD}}(t,F_{\mathrm{D}})$可以被近似表示为

$$\chi_{\mathrm{BD}}(t,F_{\mathrm{D}}) = \frac{1}{2}\sum_{k=-L+1}^{L-1}\big[C_x(k)+C_y(k)\big]\sum_{n=0}^{N-1}q_{\mathrm{BD}}(n)\cdot$$

$$\exp(\mathrm{j}2\pi F_{\mathrm{D}}nT)C_{\Omega}(t-kT_{\mathrm{c}}-nT) - \frac{1}{2}\sum_{k=-L+1}^{L-1}\big[C_x(k)-$$

$$C_y(k)\big]\sum_{n=0}^{N-1}\left\{\begin{matrix}(-1)^{p_{\mathrm{BD}}(n)}q_{\mathrm{BD}}(n)\exp(\mathrm{j}2\pi F_{\mathrm{D}}nT)\cdot\\ C_{\Omega}(t-kT_{\mathrm{c}}-nT)\end{matrix}\right\} \quad (4.5)$$

式中,$p_{\mathrm{BD}}(n)$和$q_{\mathrm{BD}}(n)$分别表示二项式设计方法的(P,Q)序列中的第 $n+1$ 个值。$\chi_{\mathrm{BD}}(t,F_{\mathrm{D}})$的计算量可以分为三部分,第一部分是计

算 $C_x(k)$ 和 $C_y(k)$，它们分别要进行 $2L-1$ 次运算；第二部分是 $\exp$ $(j2\pi F_D nT)C_\Omega(t-kT_c-nT)$ 的计算，设时延-多普勒图像上沿时延轴和多普勒轴分别有 X 和 Y 个采样点，则该部分的计算量为 $(2X-1)Y$ 次运算；第三部分是 N 次脉冲积累，需要 N 次运算。因此，二项式设计方法的总计算量为 $(4L-2)+(2X-1)YN$。

类似地，对于方法 1 至方法 3，有

$$\chi_{1_u}(t,F_D)=\frac{1}{2}\sum_{k=-L+1}^{L-1}[C_x(k)+C_y(k)]\sum_{n=0}^{N-1}q_{1_u}(n)\exp(j2\pi F_D nT)\cdot$$

$$C_\Omega(t-kT_c-nT)-\frac{1}{2}\sum_{k=-L+1}^{L-1}[C_x(k)-C_y(k)]\cdot$$

$$\sum_{n=0}^{N-1}\left\{\begin{matrix}(-1)^{p_{1_u}(n)}q_{1_u}(n)\exp(j2\pi F_D nT)\\ C_\Omega(t-kT_c-nT)\end{matrix}\right\}$$

$$(4.6)$$

$$\chi_{2_h}(t,F_D)=\frac{1}{2}\sum_{k=-L+1}^{L-1}[C_x(k)+C_y(k)]\sum_{n=0}^{N-1}q_{2_h}(n)\exp(j2\pi F_D nT)\cdot$$

$$C_\Omega(t-kT_c-nT)-\frac{1}{2}\sum_{k=-L+1}^{L-1}[C_x(k)-C_y(k)]\cdot$$

$$\sum_{n=0}^{N-1}\left\{\begin{matrix}(-1)^{p_{2_h}(n)}q_{2_h}(n)\exp(j2\pi F_D nT)\\ C_\Omega(t-kT_c-nT)\end{matrix}\right\}$$

$$(4.7)$$

$$\chi_{3_{\bar{f}_d}}(t,F_D)=\frac{1}{2}\sum_{k=-L+1}^{L-1}[C_x(k)+C_y(k)]\sum_{n=0}^{N-1}q_{3_{\bar{f}_d}}(n)\exp(j2\pi F_D nT)\cdot$$

$$C_\Omega(t-kT_c-nT)-\frac{1}{2}\sum_{k=-L+1}^{L-1}[C_x(k)-C_y(k)]\cdot$$

$$\sum_{n=0}^{N-1}\left\{\begin{array}{l}(-1)^{p_{3_{\bar{f}_{\mathrm{d}}}}(n)}q_{3_{\bar{f}_{\mathrm{d}}}}(n)\exp(\mathrm{j}2\pi F_{\mathrm{D}}nT)\\ C_{\varOmega}(t-kT_{\mathrm{c}}-nT)\end{array}\right\}$$

$$(4.8)$$

式中，$\{p_{1_u}(n)\}_{n=0}^{N-1}$ 和 $\{q_{1_u}(n)\}_{n=0}^{N-1}$、$\{p_{2_h}(n)\}_{n=0}^{N-1}$ 和 $\{q_{2_h}(n)\}_{n=0}^{N-1}$ 以及 $\{p_{3_{\bar{f}_{\mathrm{d}}}}(n)\}_{n=0}^{N-1}$ 和 $\{q_{3_{\bar{f}_{\mathrm{d}}}}(n)\}_{n=0}^{N-1}$ 分别表示 $\chi_{1_u}(t,F_{\mathrm{D}})$、$\chi_{2_h}(t,F_{\mathrm{D}})$ 以及 $\chi_{3_{\bar{f}_{\mathrm{d}}}}(t,F_{\mathrm{D}})$ 的 (P,Q) 序列；下标 u 表示方法 1 中的第 u 幅时延-多普勒图像，下标 h 表示方法 2 中的第 h 幅时延-多普勒图像，下标 $\bar{f}_{\mathrm{d}}$ 表示方法 3 中根据 $\bar{f}_{\mathrm{d}}$ 输出的时延-多普勒图像。很明显，以上 3 式的计算量与式(4.5)是一样的。

　　基于上述分析，我们将二项式设计方法以及方法 1 至方法 3 的计算量列于表 3.1 中。注意表中的 XY 项表示进行逐点最小值处理所需的运算次数。从表 4.1 中可以发现，方法 1、方法 2 和方法 3 分别需要花费相比于二项式设计方法 $N+1$ 倍、$H+1$ 倍和 2 倍的总计算量。

表 4.1　4 种波形设计方法计算量比较

波形设计方法	总计算量
二项式设计方法	$(4L-2)+(2X-1)YN$
方法 1	$(N+1)[(4L-2)+(2X-1)YN]+XY$
方法 2	$(H+1)[(4L-2)+(2X-1)YN]+XY$
方法 3	$2[(4L-2)+(2X-1)YN]+XY$

4.2.5.2　逐点最小值处理性能分析

　　逐点最小值处理作为一种非线性处理方式，是通过逐点比较多幅时延-多普勒图像减去旁瓣的能量以提高目标检测性能(同时也可能一并消除目标的能量），这样带来的一个主要问题就是信息的丢失。经过逐点最小值处理后，我们非常关心输出的信号中是否仍然包含有目标的信息。基于 4.2.4 节的假设，我们认为目标在整个雷达照射过程中保持静止，这表明如果一个目标出现在了联合设计方法输出的某幅时延-多普勒图像中，它也将出现在其他输出的图像中。但是，下面的两个不确定因素可能会影响图像中目标的精确位置和幅度：

- 由于目标微动产生的目标回波中的信号振荡（可以采用 Swerling Ⅱ 模型描述）；
- 许多具有较强幅度的距离旁瓣可能会导致更多假目标的出现。

我们希望知道在何种条件下该联合设计方法仍然能够在这两个不确定因素的影响下检测到目标。这里首先分析第一个不确定因素，第二个不确定因素将在 4.2.5.3 节讨论。我们在时延-多普勒图像中定义这样一个统计意义上的区域——可容忍位置偏移区域（tolerable location offset region，TLOR）[6]，记为 O，它可以充分覆盖目标在各个多普勒图像中因微动引起的位置偏移，并且若目标在各图像中的位置偏移均能包括在这个区域里，可以通过选择一个门限使得目标在经过逐点非线性处理（最终输出的幅度降低）后仍然能被很好地检测出来。下面通过一个理想情况下的仿真来解释二项式设计方法以及方法 1 至方法 3 的 TLOR。

图 4.3 展示了二项式设计方法、方法 1 至方法 3 的时延-多普勒图像，并比较了它们的时延主瓣与多普勒主瓣（画图所需的各项参数将在 4.2.6 节给出）。这里再次重申，在进行该仿真分析时我们认为事先知道了目标的位置，这在实际情况中可以利用一个跟踪器估计

得到。

图 4.3(a)～图 4.3(d)的图像显示门限为 DL＝－90dB，即幅度低于 DL 的距离旁瓣都将被显示为－90dB。从图 4.3 中我们可以发现下面两个现象：

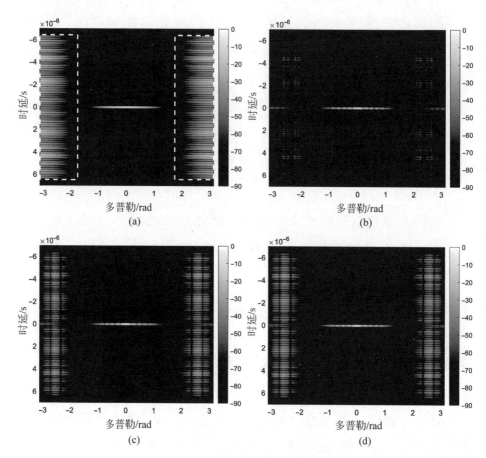

图 4.3 波形设计方法的时延-多普勒图像，时延主瓣与多普勒主瓣比较：
(a)二项式设计方法；(b)方法 1；(c)方法 2；(d)方法 3；(e)时延主瓣比较；(f)多普勒主瓣比较(图中幅度色条的单位为 dB)

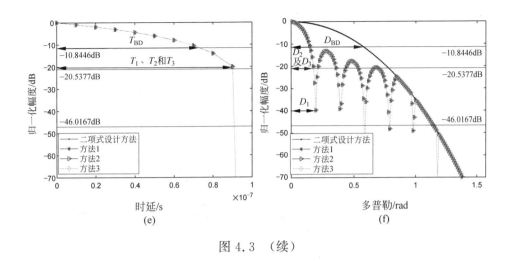

图 4.3 （续）

（1）方法 1 至方法 3 的输出都获得了比二项式设计方法低得多的距离旁瓣与更高的多普勒分辨率；

（2）在单目标情况下图 4.3(c)和图 4.3(d)获得了同样的效果，这是因为对于单个目标来说方法 2 和方法 3 是等价的。但在多目标情况下，方法 2 的性能会比方法 3 更好，同时也会消耗更大的计算量。

为了保证目标在最终输出的时延-多普勒图像中仍然存在，我们考虑一个逐点最小值处理的最差情况，即经过逐点最小值处理后，目标的能量被一定程度地减小了，但是旁瓣的能量与处理前保持不变。如此，我们应以目标的真实位置为中心找到一个 TLOR，使其满足下面的不等式：

$$\frac{\chi(t,F_{\mathrm{D}})\mid_{(t,F_{\mathrm{D}})\in O}}{\max\limits_{(t,F_{\mathrm{D}})\in S_{\mathrm{d}}}\chi(t,F_{\mathrm{D}})}>1 \tag{4.9}$$

式中，S_{d} 表示图像中被距离旁瓣占据的区域；$(t,F_{\mathrm{D}})\in O$ 表示在 TLOR 中的任意一点，即经过逐点最小值处理后输出的一个可能的目标位置，$\chi(t,F_{\mathrm{D}})\mid_{(t,F_{\mathrm{D}})\in O}$ 表示在该点处目标的幅度；$(t,F_{\mathrm{D}})\in$

S_d 表示在显著旁瓣区域中的任意一点，$\max\limits_{(t,F_D)\in S_d} \chi(t,F_D)$ 表示显著旁瓣区域中各点幅度的最大值，即最大旁瓣的幅度。式(4.9)表达了根据这个最差情况划定的 TLOR 的最小尺寸，只要目标的位置偏移没有超出 TLOR 的范围就能被检测，因为它的最终输出幅度高于图像中最大旁瓣的幅度。当然，实际中由于噪声的影响，目标的幅度仅仅高于旁瓣一点点可能是不够的，为了使目标尽可能少地被噪声影响，我们进一步规定输出目标的幅度需要比最大旁瓣的幅度高至少 3dB，以保证目标可以被检测到。

下面我们以图 4.3 为例来讨论它们的 TLOR。首先，可以从图中得到二项式设计方法与方法 1～方法 3 的最大旁瓣幅度分别为 -13.8446dB、-49.0167dB、-23.5377dB 和 -23.5377dB，那么为了保证目标可以被检测到，我们希望目标最终输出的幅度应至少大于 -10.8446dB、-46.0167dB、-20.5377dB 和 -20.5377dB，如图 4.3(e) 和图 4.3(f) 所示。此时上述方法的 TLOR 实际上是以目标真实位置为中心的椭圆，各椭圆的时延半轴和多普勒半轴的值见表 4.2。图 4.4 进一步展示了各 TLOR 之间的关系。

表 4.2　4 种波形设计方法的 TLOR 比较

波形设计方法	TLOR	时延半轴值/μs	多普勒半轴值/rad
二项式设计方法	O_{BD}	$T_{BD}=0.072$	$D_{BD}=0.5783$
方法 1	O_1	$T_1=0.09$	$D_1=0.1988$
方法 2	O_2	$T_2=0.09$	$D_2=0.1804$
方法 3	O_3	$T_3=0.09$	$D_3=0.1804$

基于以上讨论，我们可以概括以下五点小结：

(1) O 定义为波形设计方法在时延-多普勒图像中以目标真实位置为中心的 TLOR，其尺寸由时延主瓣和多普勒主瓣的边界与最大

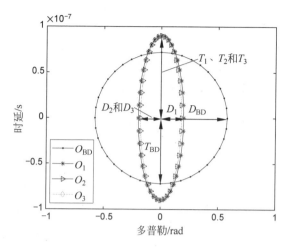

图 4.4　不同波形设计方法的 TLOR O_i,$i=$BD,1,2,3,每组(T_i,D_i)定义
　　　了方法 i 的 TLOR

旁瓣幅度共同决定。根据说明,经过逐点非线性处理后,位于 TLOR
中的目标仍然可以被检测到。

（2）在具有多个非零多普勒目标的场景下,S_d 表示的区域可能
会和某个目标的 TLOR 部分重叠,但是只要最终输出的目标幅度高
于最大旁瓣幅度（前面规定需至少高 3dB 以上以保证检测性能）,逐
点最小值处理就不会丢失目标。

（3）如果最大旁瓣幅度低于目标主瓣边界点处的幅度,TLOR 可
以近似地由目标的时延和多普勒主瓣边界值划定的椭圆确定。

（4）若需实际应用,目标在时延-多普勒图像中的真实位置可以
利用跟踪器进行估计。

（5）注意,上述分析中用到了目标在时延-多普勒图像中的真实
位置、幅度以及最大旁瓣幅度等信息。然而在真实场景里,最大旁瓣
幅度通常是难以获得的,因此如何在实际场景中有效测量最大旁瓣
幅度以及旁瓣分布情况仍需进一步研究。上述举例分析的主要作用

是为 TLOR 提供一个直观的理解,并帮助分析逐点最小值处理不会丢失目标的条件。

4.2.5.3　显著旁瓣区域估计

估计时延-多普勒图像中因采用格雷互补波形联合设计方法而产生的显著距离旁瓣区域对后续进一步分离目标和旁瓣具有重要作用。由于显著旁瓣区域的尺寸与图像显示门限有关,为与前文统一,我们仍设 DL＝−90dB。由于二项式设计方法具有比所采用的 3 种波形设计方法更大的旁瓣抑制区域(即更小的显著旁瓣区域),那么利用图 4.1 的联合设计方法进行逐点最小值处理后,输出的最终图像中的显著旁瓣分布情况与区域尺寸应当与二项式设计方法的基本一致(可以图 4.3(a)～图 4.3(d)结果为例进行比较)。因此为简单起见,我们以二项式设计方法的时延-多普勒图像为例进行分析。

如图 4.3(a)所示,二项式设计方法的显著旁瓣区域为图中两个虚线矩形框包围的部分。由于时域上的匹配滤波,从图中可以清楚地看到显著旁瓣区域在时延轴上分布于 $[-LT_c, LT_c]$ 区间。然而,旁瓣区域在多普勒轴上的分布区间却不是那么显而易见。对于给定的脉冲数目 N,越大的 DL 值会导致更大的旁瓣抑制区域,即会缩小图像中的显著旁瓣区域,因此该分布区间是 DL 的函数(具体来说是 DL 的非线性函数)。此外,由于所提联合设计方法包含了逐点最小值处理的过程,因此旁瓣区域在多普勒轴上的分布区间的解析表达式通常难以获得。在这种情况下,一种可能的方式是通过样本训练来近似地拟合一个解析表达式。设二项式设计方法的显著旁瓣区域在多普勒轴上分布于 $[-2\pi, -f_0] \cup [f_0, 2\pi]$ rad,由于图像的对称性,f_0 满足如下条件:

$$f_0 = \underset{F_D \in [0,2\pi]}{\arg\max} \{\chi_{\mathrm{BD}}(:,F_D) < \mathrm{DL}\} \tag{4.10}$$

式(4.10)表示显著旁瓣区域在多普勒轴上的边界多普勒值 f_0（即在该多普勒线上，所有代表旁瓣的点的幅度均小于 DL）。例如，图 4.3(a) 所示的显著旁瓣区域在多普勒轴上的分布区间为

$$[-2\pi, -1.707] \bigcup [1.707, 2\pi] \mathrm{rad}$$

通过改变 DL 和 N 的值，可以获得不同情况下的 f_0 值样本，如表 4.3 所示。从表 4.3 可以看出，当 DL 恒定时，越多的脉冲数目 N 同样会导致显著旁瓣区域呈现非线性地缩小。

表 4.3　不同 DL 和 N 情况下的 f_0 值

N \\ f_0/rad \\ DL/dB	-90	-85	-80	-75	-70	-65	-60
16	1.182	1.236	1.292	1.351	1.414	1.483	1.560
32	1.707	1.751	1.797	1.845	1.895	1.947	2.004
64	2.111	2.143	2.177	2.213	2.252	2.292	2.334
128	2.411	2.431	2.454	2.480	2.510	2.533	2.571

根据表 4.3 中的结果，可以在 MATLAB 的 cftool 工具箱中利用多项式拟合的方法得到求解 f_0 的近似表达式为

$$f_0 = \varphi_{00} + \varphi_{10}(\mathrm{DL}) + \varphi_{01}N + \varphi_{20}(\mathrm{DL})^2 + \varphi_{11}(\mathrm{DL})N +$$

$$\varphi_{02}N^2 + \varphi_{21}(\mathrm{DL})^2 N + \varphi_{12}(\mathrm{DL})N^2 + \varphi_{03}N^3 \tag{4.11}$$

其中，各项参数与拟合性能参数如表 4.4 所示。表中参数表明，多项式拟合可以获得令人接受的拟合效果。当然，我们还可以利用其他拟合方法，如各类插值方法来获得更好的拟合效果，但这些方法的解析表达式目前仍较难推导，需要进一步研究。

表 4.4 多项式拟合方法的拟合参数与性能参数

拟合参数	取 值	性 能 参 数	取 值
φ_{00}	1.773	误差平方和（sum of square error，SSE）	0.0002201
φ_{10}	0.01889	复相关系数（R-square）	1
φ_{01}	0.05166	自由度调整复相关系数（adjusted R-square）	0.9999
φ_{20}	3.484×10^{-5}	均方根误差（root-mean-square error，RMSE）	0.003404
φ_{11}	-0.0001157	—	—
φ_{02}	-0.0006955	—	—
φ_{21}	1.027×10^{-7}	—	—
φ_{12}	5.156×10^{-7}	—	—
φ_{03}	2.937×10^{-6}	—	—

在多目标情况下，显著旁瓣区域同时受到各个目标在时延-多普勒图像上位置的影响。假设图像中第 h 个目标的位置为 (τ_h, f_{d_h})，那么显著旁瓣区域在图像中的分布可以表示为

$$\bigcup_{h=1}^{H} \{[\tau_h - LT_c, \tau_h + LT_c] \times [-2\pi, f_{d_h} - f_0] \cup [f_{d_h} + f_0, 2\pi]\}$$

$$(4.12)$$

总之，在估计所采用的格雷互补波形联合设计方法中使用的各个方法在时延-多普勒图像中产生的显著旁瓣区域时，需要知道目标位置的估计值 (τ_h, f_{d_h})（利用跟踪器来获得）、格雷互补波形的位数 L 与每一位码元宽度 T_c 以及图像显示门限 DL。

4.2.6　仿真结果与分析

本节设计了若干组仿真实验来验证所提格雷互补波形联合设计

方法中各方法的旁瓣抑制与目标检测性能。仿真所用的全局信号参数如下：雷达工作频率为 $f_c=1\mathrm{GHz}$，带宽为 $B=10\mathrm{MHz}$，采样率 $f_s=10B$，PRI 为 $T=50\mu\mathrm{s}$，脉冲数目 $N=2^5=32$。所采用的格雷互补波形的各组二值序列均具有 $L=64$ 位 ±1 码元，每一位码元宽度为 $T_c=0.1\mu\mathrm{s}$，因此每一位码元具有 $f_s\times T_c=10$ 个采样点。时延-多普勒图像的显示门限 $\mathrm{DL}=-90\mathrm{dB}$。

4.2.6.1 固定目标场景仿真

我们考虑一个具有 5 个不同幅度目标的检测场景，如图 4.5 所示。目标包括 3 个幅度为 0dB 的强目标（目标 1~目标 3）和 2 个幅度为 −20dB 的弱目标（目标 4 和目标 5），它们在图中的位置信息见表 4.5。可以发现，目标 2 和目标 3 具有相同的时延，仅能通过多普勒的不同来进行区分。

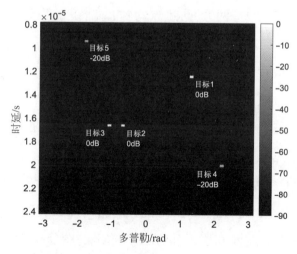

图 4.5 固定目标检测场景下各目标在时延-多普勒图像上的位置和幅度示意图

表 4.5 固定目标检测场景下各目标时延与多普勒值

目标序号	时　　延	多　普　勒
目标 1	$\tau_1 = 12.4\mu s$	$f_{d_1} = 1.3 rad$
目标 2	$\tau_2 = 16.6\mu s$	$f_{d_2} = -0.7 rad$
目标 3	$\tau_3 = 16.6\mu s$	$f_{d_3} = -1.1 rad$
目标 4	$\tau_4 = 20\mu s$	$f_{d_4} = 2.2 rad$
目标 5	$\tau_5 = 9.4\mu s$	$f_{d_5} = -1.8 rad$

我们利用 Swerling Ⅱ 模型对目标建模，模型参数 $\sigma^2 = 0.3$[7]（该参数反映了目标幅度振荡的方差），并根据表 4.2 中的结果来设计各方法中目标最大的时延与多普勒偏移。另外，设检测场景中包含一组零均值复高斯白噪声（complex Gaussian zero-mean white noise）$E \sim \mathcal{CN}(0,1)$，信噪比为 SNR＝10dB。

二项式设计方法、方法 1 至方法 3 的固定目标场景仿真结果如图 4.6 所示。从图 4.6(a)中可以发现，二项式设计方法在多目标环境下的检测性能很差，两个弱目标均被淹没在了强目标所产生的旁瓣中难以被检测。此外，由于该方法的多普勒分辨率很低，因此目标 2 和目标 3 无法被很好地区分开来。另外，在图 4.6(b)～图 4.6(d)所示的方法 1 至方法 3 的结果中，目标 2 和目标 3 可以在多普勒上被区分，这验证了所提方法更好的目标检测性能。图 4.6(e)和图 4.6(f)进一步展示了二项式设计方法与方法 3 输出的图像在场景中两个弱目标，即目标 4 和目标 5 处多普勒截面的归一化幅度对比（由于目标 4 和目标 5 在方法 1 和方法 2 输出的图像中清晰可见，因此为简单起见，我们没有必要再将方法 1 和方法 2 输出的图像中两个弱目标的多普勒截面一并对比）。结果显示，两个弱目标在二项式设计方法中几乎无法被检测，然而对于方法 3 来说，因其输出的 SNR 更高，我们在图中可以任意选择一个相对合理的门限值（如以图 4.6(e)和图 4.6(f)中所示

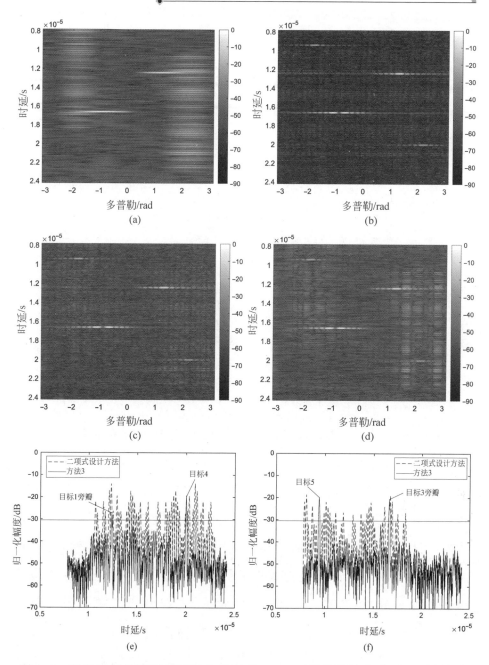

图 4.6　固定目标检测场景下的仿真结果：(a)二项式设计方法；(b)方法 1；
(c)方法 2；(d)方法 3 在固定目标场景仿真中输出的时延-多普勒图
像，以及二项式设计方法与方法 3 关于两个弱目标；(e) 目标 4；
(f) 目标 5 处的多普勒截面的比较(图中幅度色条的单位为 dB)

的一30dB 作为门限)来更好地检测出这两个弱目标。

4.2.6.2 随机目标场景仿真

本仿真的目的是从统计的角度来比较各个波形设计方法的目标检测性能并验证所提格雷互补波形联合设计方法的有效性。不失一般性,我们仍用 Swerling Ⅱ模型为目标建模,并假设各个目标位置随机,在时延-多普勒图像中服从均匀分布。

下面对如下 4 种情况进行统计仿真:

(1) 时延-多普勒图像中包括 2 个位置随机的目标,其中 1 个强目标、1 个弱目标;

(2) 时延-多普勒图像中包括 3 个位置随机的目标,其中 1 个强目标、2 个弱目标;

(3) 时延-多普勒图像中包括 4 个位置随机的目标,其中 2 个强目标、2 个弱目标;

(4) 时延-多普勒图像中包括 5 个位置随机的目标,其中 3 个强目标、2 个弱目标。

强、弱目标的幅度仍与 4.2.6.1 节保持一致,即强目标为 0dB,弱目标为一20dB。本节为了分析目标检测性能,在各个波形设计方法的统计仿真中,对每种情况均采用最弱的那个目标幅度作为检测门限(在仿真中,最弱目标的幅度和在时延-多普勒图像中的位置均可以被准确知道,但在实际情况中,如何更合理地设置检测门限仍需进一步研究)。这种门限选取方式保证了每种情况中的每个真实目标都能被检测到(不会出现漏检),但同时也可能检测到由于距离旁瓣的幅度超过门限而产生的虚假目标。

我们对每种情况进行 1000 次蒙特卡洛(Monte Carlo)仿真。注意,在本节的仿真中我们在时延-多普勒图像中采用了目标真实多普勒附近的一个多普勒区间里的值来与门限进行比较,该多普勒区间的长度取决于跟踪器估计的目标多普勒的方差。这样做的目的一是充分利用目标多普勒估计值的信息(在方法 2、方法 3 及 4.2.5.3 节中均被利用),二是提高目标检测效率。

然后,我们采用以下 4 项统计参数来衡量 4 种波形设计方法的目标检测性能:

(1) 引起虚假目标的旁瓣在整幅时延-多普勒图像中所占比重的平均值。我们讨论一幅时延多普勒图像中,超过检测门限而引起虚假目标的旁瓣在整幅图像中所占的面积比重,并计算出其在 1000 次 Monte Carlo 仿真下的平均值。仿真结果见图 4.7(a)。

(2) 引起虚假目标的旁瓣的平均幅度。我们计算所有引起虚假目标的旁瓣在整幅时延-多普勒图像中的平均幅度,并再对 1000 次 Monte Carlo 仿真的结果取平均值。仿真结果如图 4.7(b)所示。

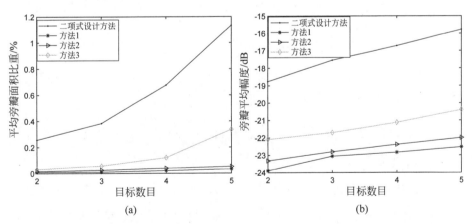

图 4.7　4 种波形设计方法的统计仿真结果:(a)引起虚假目标的旁瓣在整幅时延-多普勒图像中所占比重的平均值;(b)引起虚假目标的旁瓣的平均幅度;(c)正确检测次数;(d)平均虚假目标数目

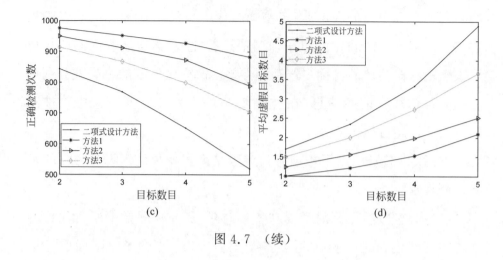

图 4.7 （续）

（3）正确检测次数。一次正确检测是指在一次 Monte Carlo 仿真中所有的真实目标都被检测到，并且没有虚假目标出现。该仿真结果如图 4.7(c)所示。

（4）平均虚假目标数目。我们计算所有出现虚假目标的 Monte Carlo 仿真中，出现的虚假目标数目的平均值。该仿真结果统计在图 4.7(d)中。

根据图 4.7 所示结果，我们可以做以下几点讨论：

（1）图 4.7 所示结果表明所提格雷互补波形联合设计方法中使用的 3 种波形设计方法在上述 4 项统计参数中相较二项式设计方法具有更好的性能，其中方法 1 性能最佳，然后是方法 2、方法 3，最后是二项式设计方法。

（2）仿真结果还从统计意义上验证了逐点最小值处理的有效性。

（3）随着时延-多普勒图像中目标数目的增多，各个波形设计方法的性能均有所恶化，且它们之间的性能差距也更加明显。这是由于目标数目的增加（尤其是强目标数目的增多）会导致更多距离旁瓣的产生，从而导致更多虚假目标的出现。

（4）在本节仿真中，二项式设计方法、方法 1 至方法 3 的计算量的比值为 1∶33∶6∶2。

4.3　互补波形组目标检测联合设计方法

4.2 节研究的格雷互补波形联合设计方法尽管能够进一步抑制时延-多普勒图像中的旁瓣，并保持目标的多普勒分辨率，但是它的一个缺陷是不论采用该方法中的哪种波形设计方法进行处理，都要耗费 PTM 设计方法或二项式设计方法 2 倍以上的脉冲积累时间。当场景中的目标运动速度过快时，该方法的旁瓣抑制效果必定会明显恶化。我们已经知道，上述方法能够获得大的旁瓣抑制区域主要是依赖于二项式设计方法的旁瓣抑制效果。如果仅采用二项式设计方法，虽然能在更短的处理时间内获得大的旁瓣抑制区域，但它会面临一个主要的问题，即目标多普勒分辨率的严重损失。若要在二项式设计方法的基础上提高目标的多普勒分辨率，一种常用的方案是增加发射脉冲数目，但这又会增加处理时间，所以并不是我们希望看到的。互补波形组作为格雷互补波形的扩展，与格雷互补波形有着类似的性质，尤其是在 3.3.3 节我们已讨论过，特殊互补波形组可以完全适用格雷互补波形的各种接收端加权类方法。另外，互补波形组的信号结构更为复杂，可以进行更复杂的接收端脉冲权重设计。因此，我们希望能够设计一种针对互补波形组的接收端加权类波形设计方法，使其能够利用更少的脉冲积累时间获得与二项式设计方法的结果类似甚至更好的旁瓣抑制效果与多普勒分辨率。基于此目的，本节研究了一种互补波形组目标检测联合设计方法，由于该方法是基于二项式设计方法得到的,因此在后文中也将该方法称为"广义二项式设计方法"。该方法能够在仅耗费二项式设计方法一半处理时间的情况下,获得与之类似的旁瓣抑制性能与多普勒分辨率。

广义二项式设计方法的处理流程如图 4.8 所示,该方法仍然利用二项式系数对互补波形组脉冲串进行波形设计,但与传统的二项式设计方法不同的是,该方法将互补波形组脉冲串分为前半部分和后半部分,并分别对这两部分采用两种独立的接收端加权方法。然后,为了避免 4.2 节中采用逐点非线性处理会出现的可能在消除旁瓣的同时将目标一并消除这一问题,该方法对脉冲串两部分输出的结果采用了逐点相加这一线性处理。后续的讨论中将说明,本方法的最终输出结果可以获得类似于二项式设计方法的显著的旁瓣抑制效果,同时相比二项式设计方法:

- 脉冲积累时间减少了一半(在本节中,为了更好地说明该流程的优越性,我们设置该流程的发射脉冲数目为 N,而二项式设计方法的发射脉冲数目为 $2N$);
- SNR 损失更少;

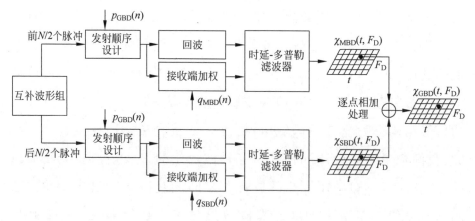

图 4.8　互补波形组目标检测联合设计方法处理流程

- 峰值-峰值旁瓣之比(peak to peak-sidelobe ratio,PPSR)的降低在可接受范围内。

下面具体分析本方法中采用的两种接收端加权方法、逐点相加处理以及本方法涉及的主要性能参数。

4.3.1 中部旁瓣消隐设计方法

该方法作用于互补波形组脉冲串的前 $N/2$ 个脉冲,可以实现对时延-多普勒图像中间部分[零多普勒线附近,参见图 4.10(a)]的旁瓣抑制,故而如此命名。如图 4.8 所示,P_{GBD} 表示中部旁瓣消隐设计方法的发射顺序,Q_{MBD} 为该方法接收端各脉冲的权重,$\chi_{MBD}(t,F_D)$ 表示由该方法输出的时延-多普勒图像。中部旁瓣消隐设计方法的 (P,Q) 序列设计如下(这里仍按作用脉冲数为 N 来进行一般表达式的书写,但事实上该方法只对互补波形组脉冲串前半部分加权):

$$P_{GBD} = \{p_{GBD}(n)\}_{n=0}^{N-1} = \{0,1,\cdots,D-1,0,1,\cdots,D-1,\cdots\}$$

$$Q_{MBD} = \{q_{MBD}(n)\}_{n=0}^{N-1} = \{C_{N/D-1}^{floor(n/D)} \times C_{D-1}^{mod(n,D)}\}_{n=0}^{N-1}$$

式中,$floor(n/D)$ 表示取不超过 n/D 的最大整数,$mod(n,D)$ 表示取 n/D 的余数。

例 4.1:对于一组 $D=4$ 的互补波形组,当作用脉冲数目 $N=8$ 时,中部旁瓣消隐设计方法的 (P,Q) 序列表达如下:

$$P_{GBD}:\quad 0 \quad\; 1 \quad\; 2 \quad\; 3 \quad\; 0 \quad\; 1 \quad\; 2 \quad\; 3$$

$$Q_{MBD}:\quad \underbrace{C_3^0 \quad C_3^1 \quad C_3^2 \quad C_3^3}_{\times C_1^1} \quad \underbrace{C_3^0 \quad C_3^1 \quad C_3^2 \quad C_3^3}_{\times C_1^1}$$

4.3.2 两侧旁瓣消隐设计方法

该方法作用于互补波形组脉冲串的后 $N/2$ 个脉冲,命名原因是该方法可以实现对时延-多普勒图像两侧部分[参见图 4.10(b)]的旁瓣抑制。如图 4.8 所示,P_{GBD} 表示两侧旁瓣消隐设计方法的发射顺序(与中部旁瓣消隐方法一致),Q_{SBD} 为该方法接收端各脉冲的权重,$\chi_{SBD}(t, F_D)$ 表示由该方法输出的时延-多普勒图像。两侧旁瓣消隐设计方法的(P, Q)序列设计如下(这里同样按作用脉冲数为 N 来进行一般表达式的书写,但该方法其实只对互补波形组脉冲串后半部分加权):

$$P_{GBD} = \{p_{GBD}(n)\}_{n=0}^{N-1} = \{0, 1, \cdots, D-1, 0, 1, \cdots, D-1, \cdots\}$$

$$Q_{SBD} = \{q_{SBD}(n)\}_{n=0}^{N-1} = \{C_{2N/D-1}^{\text{floor}(2n/D)}\}_{n=0}^{N-1}$$

例 4.2:对于一组 $D=4$ 的互补波形组,当作用脉冲数目 $N=8$ 时,两侧旁瓣消隐设计方法的(P, Q)序列表达如下:

$$P_{GBD}: \quad 0 \quad 1 \quad 2 \quad 3 \quad 0 \quad 1 \quad 2 \quad 3$$

$$Q_{SBD}: \quad C_3^0 \quad C_3^0 \quad C_3^1 \quad C_3^1 \quad C_3^2 \quad C_3^2 \quad C_3^3 \quad C_3^3$$

对比例 3.2 可以发现,当 $D=2$ 时,该方法退化为传统的二项式设计方法。

注意,该方法能有效使用的一个条件是 D 为偶数。

4.3.3 逐点相加处理

由于 4.2 节讨论了逐点最小值处理可能出现的目标信息损失问题,在互补波形组目标检测联合设计方法中我们采用一种线性的替

代方案——逐点相加处理,来结合中部旁瓣消隐设计方法和两侧旁瓣消隐设计方法输出的结果,即

$$\chi_{\text{GBD}}(t, F_{\text{D}}) = \text{mean}\{\chi_{\text{MBD}}(t, F_{\text{D}}), \chi_{\text{SBD}}(t, F_{\text{D}})\} \quad (4.13)$$

其中,mean{}表示取均值运算。该处理的最终输出能够获得与传统的二项式设计方法差不多尺寸的旁瓣抑制区域,以及相对更高的多普勒分辨率。

同样,逐点相加处理也是基于在整个雷达照射过程中目标的时延和多普勒保持不变这一假设进行的。与逐点最小值处理不同的是,逐点相加处理是对时延-多普勒图像中的每一个点处的旁瓣抑制性能进行了平衡(即一定好于其中一种方法,但差于另一种方法),以达到综合优劣,提升整体旁瓣抑制效果的目的。

另外,如4.2.4节所讨论的,在实际情况下由于 Swerling Ⅱ 模型的影响,目标在时延-多普勒图像中的位置会发生偏移,该偏移可以通过时延轴和多普勒轴上的两个独立同分布(independent and identically distributed, IID)的高斯(Gaussian)分布表示,即 $\mathcal{N}(\hat{t}, \sigma_{\text{T}}^2)$ 和 $\mathcal{N}(\hat{F}_{\text{D}}, \sigma_{\text{D}}^2)$,其中 $\hat{t}$ 和 $\hat{F}_{\text{D}}$ 为目标时延和多普勒的估计值,σ_{T}^2 和 σ_{D}^2 分别是它们的方差。由于逐点相加处理不会因为目标位置的偏移导致最终输出幅度变小,这里便不考虑目标幅度的振荡,但是对于逐点最小值处理,目标幅度的振荡也将作为一个独立的高斯分布影响目标检测,该问题将在5.2节进一步分析。

图4.9表示了 Swerling Ⅱ 模型引起的目标位置偏移对逐点相加处理输出结果的目标时延-多普勒分辨率的影响,其中 $2R_{\text{T}} \times 2R_{\text{D}}$ 为一个 Swerling Ⅱ 目标的原始时延-多普勒分辨率,而经过逐点相加处理输出的结果的目标时延-多普勒分辨率降低为 $(2R_{\text{T}} + \sigma_{\text{T}}) \times (2R_{\text{D}} + \sigma_{\text{D}})$(注意场景中的噪声同样会恶化目标最终的时延-多普勒分辨率,

其影响程度取决于 SNR 的大小[8],为便于分析这里并没有考虑)。

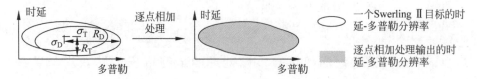

图 4.9　Swerling Ⅱ模型引起的目标位置偏移对逐点相加处理输出结果的
目标时延-多普勒分辨率的影响

4.3.4　联合设计方法主要性能参数分析

首先,我们按照 2.2.2 节的论述流程来分析互补波形组的模糊函数。

设 $a_d(t)$ 的模糊函数 $\chi_{a_d}(t,F_D)$ 表示为

$$\chi_{a_d}(t,F_D) = \int_{-\infty}^{+\infty} a_d(s)a_d^*(t-s)\exp(j2\pi F_D s)ds$$

$$= \sum_{l=0}^{L-1} a_d(l) \sum_{k=-L+1}^{L-1} a_d^*(l-k) \int_{-\infty}^{+\infty} \Omega(s-lT_c) \cdot$$

$$\Omega^*[t-s-(l-k)T_c]\exp(j2\pi F_D s)ds$$

$$= \sum_{l=0}^{L-1} \sum_{k=-L+1}^{L-1} a_d(l)a_d^*(l-k)\exp(j2\pi F_D lT_c)\chi_\Omega(t-kT_c,F_D)$$

$$= \sum_{k=-L+1}^{L-1} A_{a_d}(k,F_D T_c)\chi_\Omega(t-kT_c,F_D) \qquad (4.14)$$

其中,

$$A_{a_d}(k,F_D T_c) = \sum_{l=0}^{L-1} a_d(l)a_d^*(l-k)\exp(j2\pi F_D lT_c)$$

$$k = -(L-1),\cdots,L-1 \qquad (4.15)$$

因此,对于一组互补波形组脉冲串

$$z_{\text{sets}} = \sum_{d=0}^{D-1} a_d(t) \exp(-j2\pi F_D dT)$$

其有效模糊函数可以写为(省略了在时延为 $\pm dT$, $d=0,1,\cdots,D-1$ 处存在的 $2(D-1)$ 个交叉项引起的偏置)

$$\chi_{z_{\text{sets}}}(t, F_D) = \sum_{d=0}^{D-1} \chi_{a_d}(t, F_D) \exp(-j2\pi F_D dT) \qquad (4.16)$$

由于式(4.15)中的 $\exp(j2\pi F_D l T_c)$ 项一般远小于式(4.16)中的 $\exp(-j2\pi F_D dT)$ 项,可以将 $\chi_{z_{\text{sets}}}(t, F_D)$ 近似地写为

$$\chi_{z_{\text{sets}}}(t, F_D) = \sum_{l=0}^{L-1} \sum_{k=-L+1}^{L-1} \left\{ \begin{array}{l} \left[\sum_{d=0}^{D-1} a_d(l) a_d^*(l-k) \exp(-j2\pi F_D dT) \right] \cdot \\ \exp(j2\pi F_D l T_c) \chi_\Omega(t - kT_c, F_D) \end{array} \right\}$$

$$\approx \sum_{k=-L+1}^{L-1} \left[\sum_{d=0}^{D-1} C_{a_d}(k) \exp(-j2\pi F_D dT) \right] \chi_\Omega(t - kT_c, F_D)$$

$$(4.17)$$

在零多普勒线($F_D = 0$)上,式(4.17)变为

$$\chi_{z_{\text{sets}}}(t, 0) = DL\chi_\Omega(t, 0) \qquad (4.18)$$

与格雷互补波形类似,我们推导出了 $\chi_{z_{\text{sets}}}(t, F_D)$ 在零多普勒线上不存在距离旁瓣,而在非零多普勒区域具有显著距离旁瓣的结果。

那么,式(2.34)所表示的互补波形组的模糊函数可以被继续离散化地近似推导为式(4.19),即

$$\chi_{PQ_{\text{sets}}}(t, F_D)$$

$$= \sum_{n=0}^{N-1} q_{\text{sets}}(n) \exp(j2\pi F_D nT) \left[\sum_{\substack{d=0 \\ p_{\text{sets}}(n)=d}}^{D-1} a_d(t-nT) a_d^*(t-nT) \right]$$

$$
\begin{aligned}
&= \sum_{l=0}^{L-1} \sum_{k=-L+1}^{L-1} \sum_{n=0}^{N-1} \left\{ \begin{array}{l} q_{\mathrm{sets}}(n)\exp(\mathrm{j}2\pi F_{\mathrm{D}}nT)\exp(\mathrm{j}2\pi F_{\mathrm{D}}lT_{\mathrm{c}}) \cdot \\[2mm] \left[\displaystyle\sum_{\substack{d=0 \\ p_{\mathrm{sets}}(n)=d}}^{D-1} a_d(l)a_d^{*}(l-k) \right] \cdot \\[2mm] \Omega(t-kT_{\mathrm{c}}-nT)\Omega^{*}(t-kT_{\mathrm{c}}-nT) \end{array} \right\} \\[4mm]
&\approx \sum_{k=-L+1}^{L-1} \sum_{n=0}^{N-1} \left\{ \begin{array}{l} q_{\mathrm{sets}}(n)\exp(\mathrm{j}2\pi F_{\mathrm{D}}nT) \cdot \\[2mm] \left[\displaystyle\sum_{\substack{d=0 \\ p_{\mathrm{sets}}(n)=d}}^{D-1} C_{a_d}(k) \right] C_{\Omega}(t-kT_{\mathrm{c}}-nT) \end{array} \right\} \\[4mm]
&= \sum_{k=-L+1}^{L-1} \sum_{n=0}^{N-1} \frac{1}{D} \left[\sum_{d=0}^{D-1} C_{a_d}(k) \right] q_{\mathrm{sets}}(n)\exp(\mathrm{j}2\pi F_{\mathrm{D}}nT)C_{\Omega}(t-kT_{\mathrm{c}}-nT) + \\[4mm]
&\quad \sum_{k=-L+1}^{L-1} \sum_{n=0}^{N-1} \left\{ \begin{array}{l} \dfrac{1}{D}\left[(D-1)C_{a_{p_{\mathrm{sets}}(n)}}(k) - \displaystyle\sum_{\substack{r=0 \\ r\neq p_{\mathrm{sets}}(n)}}^{D-1} C_{a_r}(k) \right] \cdot \\[2mm] q_{\mathrm{sets}}(n)\exp(\mathrm{j}2\pi F_{\mathrm{D}}nT)C_{\Omega}(t-kT_{\mathrm{c}}-nT) \end{array} \right\}
\end{aligned}
\tag{4.19}
$$

根据式(2.19),此时式(4.19)的第一项没有旁瓣,第二项代表了距离旁瓣,并且 $D=2$ 时,式(4.19)等价于式(2.14)。

接下来,我们进一步通过 PPSR 和积分损失因子(integration loss factor,ILF)这两个参数来分析广义二项式设计方法的性能。

4.3.4.1　PPSR

我们对广义二项式设计方法的模糊函数图像采用 PPSR[4] 来量化其旁瓣抑制性能

$$
\mathrm{PPSR}(F_{\mathrm{D}}) = \frac{|\chi_{PQ_{\mathrm{sets}}}(0,0)|^2}{\max\limits_{t\in S_d} |\chi_{PQ_{\mathrm{sets}}}(t,F_{\mathrm{D}})|^2}
\tag{4.20}
$$

式中,S_d 表示图像中被距离旁瓣占据的区域。该参数计算的是图像中最高幅度(即图像中心点的幅度,在时延-多普勒图像中表示目标的幅度)与某一特定的多普勒线 F_D 上的最大旁瓣幅度之比,反映了广义二项式设计方法在 F_D 处的旁瓣抑制性能。

根据式(4.19),离散形式的 PPSR 可以表示为

$$\mathrm{PPSR}(F_D) = \frac{\left| L \sum_{n=0}^{N-1} q_{\mathrm{sets}}(n) \right|^2}{\max_{k \neq 0} \left| \sum_{n=0}^{N-1} \left\{ \frac{1}{D} \left[(D-1) C_{a_{p_{\mathrm{sets}}(n)}}(k) - \sum_{\substack{r=0 \\ r \neq p_{\mathrm{sets}}(n)}}^{D-1} C_{a_r}(k) \right] \cdot q_{\mathrm{sets}}(n) \exp(\mathrm{j} 2\pi F_D nT) C_\Omega(t - kT_c - nT) \right\} \right|^2}$$

$$(4.21)$$

进一步,文献[4]中指出,当 $D=2$ 时(即在格雷互补波形情况下),设某一组 (P,Q) 序列可以使 $\mathcal{P}(F_D)$ 的前 M_D 阶导数为 0,那么对于一个足够小的多普勒值 F_D,$\mathrm{PPSR}(F_D)$ 可以推导出一个如下式所示的近似下限(由于该推导是在省略了 $\mathcal{P}(F_D)$ 在 F_D 处的泰勒展开式中 M_D+1 阶以上项的情况下推导的,故名近似下限):

$$\mathrm{PPSR}(F_D) \geqslant L^{0.2} \frac{\left[(M_D + 1)! \right]^2 (2M_D + 3)}{N^{2M_D + 3}} F_D^{-2(M_D + 1)} \quad (4.22)$$

显然,PPSR 曲线越高,说明被评估的方法旁瓣抑制性能越好;特别对于广义二项式设计方法来说,该方法通过逐点相加处理输出的 PPSR 对中部旁瓣消隐设计方法与两侧旁瓣消隐设计方法每条多普勒线上的 PPSR 值进行了平衡。在 4.3.5 节我们将通过数值仿真结果来继续比较广义二项式设计方法与传统的二项式设计方法的 PPSR。

4.3.4.2　ILF

加权类方法作为互补波形设计的一类简单有效的旁瓣抑制方

法,可以单独在发射端、接收端或同时在发射和接收端上进行;在加权域上,可以在时域或频域操作;加权方式分为幅度加权和相位加权等。通常来说,在接收端进行时域上的幅度加权是互补波形加权类方法采用得最多的形式之一,但是正如 3.2.3 节所讨论的,互补波形加权类方法都会在不同程度上损失目标的 SNR。这里,我们利用 ILF[9]来评估 SNR 的损失程度。式(4.23)描述了在接收端进行时域上的幅度加权时 ILF 的一般形式:

$$
\mathrm{ILF} = \frac{\left[\int \omega(t)\,\mathrm{d}t\right]^2}{T_\mathrm{P}\int \omega(t)\,\mathrm{d}t} \tag{4.23}
$$

其中,$\omega(t)$ 表示在时域上进行幅度加权的权重函数。对于格雷互补波形/互补波形组,可以将式(4.23)离散化并写为

$$
\mathrm{ILF} = \frac{\left[\sum\limits_{n=0}^{N-1} q(n)\right]^2}{T_\mathrm{P}\sum\limits_{n=0}^{N-1} q^2(n)} \tag{4.24}
$$

由于标准的权重(即不加权)不会引起 SNR 的损失,所以式(4.24)表征了对格雷互补波形/互补波形组进行匹配滤波时,采用接收端加权类方法相比不加权时对 SNR 提升的差异程度。

特别地,对标准权重下的格雷互补波形/互补波形组以及传统的二项式设计方法,ILF 可以分别写为

$$
\mathrm{ILF}_\mathrm{std} = \frac{\left[\sum\limits_{n=0}^{2N-1} q_\mathrm{std}(n)\right]^2}{T_\mathrm{P}\sum\limits_{n=0}^{2N-1} q_\mathrm{std}^2(n)} \tag{4.25}
$$

$$\text{ILF}_{\text{BD}} = \frac{\left[\sum_{n=0}^{2N-1} q_{\text{BD}}(n)\right]^2}{T_{\text{P}} \sum_{n=0}^{2N-1} q_{\text{BD}}^2(n)} \tag{4.26}$$

显然,无论脉冲数目 N 为多少,式(4.25)中 $\text{ILF}_{\text{std}} = 1/T_{\text{P}}$,为方便比较我们将其归一化至 0dB 作为参考值。此外,经过逐点相加处理后广义二项式设计方法的 ILF 可以表示为中部旁瓣消隐设计方法和两侧旁瓣消隐设计方法的 ILF 的均值,即

$$\text{ILF}_{\text{GBD}} = \text{mean}\left\{ \frac{\left[\sum_{n=0}^{N/2-1} q_{\text{MBD}}(n)\right]^2}{T_{\text{P}} \sum_{n=0}^{N/2-1} q_{\text{MBD}}^2(n)}, \frac{\left[\sum_{n=0}^{N/2-1} q_{\text{SBD}}(n)\right]^2}{T_{\text{P}} \sum_{n=0}^{N/2-1} q_{\text{SBD}}^2(n)} \right\} \tag{4.27}$$

下面,我们列出标准格雷互补波形/互补波形组、传统二项式设计方法以及广义二项式设计方法在不同发射脉冲数目时的 ILF,如表 4.6 所示(制表所需的各项参数将在 4.3.5 节给出,比较时传统二项式设计方法与广义二项式设计方法的发射脉冲数目分别为 $2N$ 和 N)。可以发现,广义二项式设计方法具有比传统的二项式设计方法更小的 ILF,这说明广义二项式设计方法相比于传统二项式设计方法可以减少目标 SNR 的损失。另外还可以发现,ILF 会随着脉冲数目增多而增大,这是因为脉冲数目增加时,式(4.24)的分子中会产生更多的交叉项,从而使 ILF 增大。

表 4.6　不同脉冲数目时标准格雷互补波形/互补波形组、传统二项式设计方法以及广义二项式设计方法的 ILF 比较结果

设计方法	ILF				
	$N=16$	$N=32$	$N=64$	$N=128$	$N=256$
标准格雷互补波形/互补波形组	0dB	0dB	0dB	0dB	0dB
传统二项式设计方法	9.96dB	11.49dB	13.01dB	14.52dB	16.03dB
广义二项式设计方法	8.06dB	9.95dB	11.63dB	13.22dB	14.76dB

4.3.5 互补波形组生成方法对联合设计方法性能的影响

在 4.2.5.1 节已经论述过,传统二项式设计方法的时延-多普勒图像 $\chi_{BD}(t,F_D)$ 可以被近似表示为式(4.5)。同理,当中部旁瓣消隐设计方法和两侧旁瓣消隐设计方法分别作用在互补波形组的前 $N/2$ 和后 $N/2$ 个脉冲时,它们的时延-多普勒图像 $\chi_{MBD}(t,F_D)$ 和 $\chi_{SBD}(t,F_D)$ 可分别近似推导为

$$\chi_{MBD}(t,F_D)$$

$$= \sum_{k=-L+1}^{L-1} \sum_{n=0}^{N/2-1} \frac{1}{D} \Big[\sum_{d=0}^{D-1} C_{a_d}(k) \Big] q_{MBD}(n) \exp(j2\pi F_D nT) \cdot$$

$$C_{\Omega}(t - kT_c - nT) +$$

$$\sum_{k=-L+1}^{L-1} \sum_{n=0}^{N/2-1} \left\{ \begin{array}{l} \frac{1}{D} \Big[(D-1) C_{a_{p_{GBD}(n)}}(k) - \sum_{\substack{r=0 \\ r \neq p_{GBD}(n)}}^{D-1} C_{a_r}(k) \Big] \cdot \\ q_{MBD}(n) \exp(j2\pi F_D nT) C_{\Omega}(t - kT_c - nT) \end{array} \right\}$$

$$(4.28)$$

$$\chi_{SBD}(t,F_D)$$

$$= \sum_{k=-L+1}^{L-1} \sum_{n=0}^{N/2-1} \frac{1}{D} \Big[\sum_{d=0}^{D-1} C_{a_d}(k) \Big] q_{SBD}(n) \exp(j2\pi F_D nT) \cdot$$

$$C_{\Omega}(t - kT_c - nT) +$$

$$\sum_{k=-L+1}^{L-1} \sum_{n=0}^{N/2-1} \left\{ \begin{array}{l} \frac{1}{D} \Big[(D-1) C_{a_{p_{GBD}(n)}}(k) - \sum_{\substack{r=0 \\ r \neq p_{GBD}(n)}}^{D-1} C_{a_r}(k) \Big] \cdot \\ q_{SBD}(n) \exp(j2\pi F_D nT) C_{\Omega}(t - kT_c - nT) \end{array} \right\}$$

$$(4.29)$$

可以发现,决定格雷互补波形/互补波形组的距离旁瓣分布和幅度的因素除了 (P,Q) 序列的设计,它们生成方法的选取同样会对距离旁瓣产生不同程度的影响,因为不同的生成方法会导致不同的自相关函数序列[即 $C_{a_d}(k)$]出现。下面对互补波形组的不同生成方法进行具体分析。

互补波形组的典型生成方法、一般互补波形组和特殊互补波形组的定义已在 2.3.1 节有详细论述。对于一般互补波形组和特殊互补波形组,我们归纳出以下三点性质。

性质 1:对于一组位数长度均为 $L=2^\gamma$ 的特殊互补波形组来说,定义函数

$$g(d) = \sum_{k=-L+1}^{L-1} C_{a_d}(k) - L, \quad d=0,1,\cdots,D-1$$

则当 γ 分别为偶数和奇数时 $g(d)$ 的绝对值对于每个 d 均为 $V=0$ 和 $V=L$,并且根据格雷互补波形的性质,在互补波形组中各个二值序列的 $g(d)$ 等于 $+L$ 的数目与等于 $-L$ 的数目相同,均为 $D/2$。

例 4.3:设一组 $D=4$,位数长度均为 $L=4=2^2$ 的特殊互补波形组 $U=\{u_1,u_2,u_3,u_4\}$,如表 4.7 所示,其中 u_1,u_2 与 u_3,u_4 分别为两组格雷互补波形,可以发现对于每一组二值序列都有 $|g_U(d)|=V=0$。另设一组 $D=4$,位数长度均为 $L=8=2^3$ 的特殊互补波形组 $U'=\{u_1',u_2',u_3',u_4'\}$,如表 4.8 所示,其中 u_1',u_2' 与 u_3',u_4' 分别为两组格雷互补波形,可以发现对于每一组二值序列都有 $|g_{U'}(d)|=V=8$。

表 4.7　互补波形组关于性质 1 的示例($L=4$)

特殊互补波形组	自相关函数序列							$g_U(d)$
u_1　$+\ -\ -\ -$	-1	0	1	4	1	0	-1	0
u_2　$-\ +\ -\ -$	1	0	-1	4	-1	0	1	0

续表

特殊互补波形组		自相关函数序列							$g_U(d)$
u_3	$--+-$	1	0	-1	4	-1	0	1	0
u_4	$+++-$	-1	0	1	4	1	0	-1	0

表 4.8　互补波形组关于性质 1 的示例($L=8$)

特殊互补波形组	$g_{U'}(d)$
u_1'　$-+--+---$	8
u_2'　$+++--+-$	-8
u_3'　$+-++-+++$	8
u_4'　$---++++-+$	-8

性质 1 等价于如下推论。

推论 1：对于任意一组位数长度均为 L 的格雷互补波形，不论其采用何种方法生成，$g(d)$ 的绝对值对于每个 d 均等于 0(γ 为偶数)或 L(γ 为奇数)，且必为一个 $+L$ 和一个 $-L$。例如，$|g(d)|$ 对所有 $L=4$ 的格雷互补波形均为 0，对所有 $L=8$ 的格雷互补波形均为 8。

性质 2：函数 $g(d)$ 的绝对值在位数长度均为 $L=2^\gamma$ 的一组一般互补波形组中，若 γ 为偶数，则存在两个不同绝对值 $V_1=(D-1)L$ 和 $V_2=L$(V_1 数目为 1，V_2 数目为 $(D-1)$，且二者符号相反)；若 γ 为奇数，则存在相同绝对值 $V_1=V_2=L$($+L$ 和 $-L$ 数目均为 $D/2$)。

例 4.4：设一组 $D=4$，位数长度均为 $L=4$ 的一般互补波形组 $W=\{w_1,w_2,w_3,w_4\}$，如表 4.9 所示，可以发现 $g_W(d)$ 在各二值序列中存在两个值 $V_1=12$ 和 $V_2=4$。另设一组 $D=4$，位数长度均为 $L=8$ 的一般互补波形组 $W'=\{w_1',w_2',w_3',w_4'\}$，如表 4.10 所示，可以发现各二值序列 $g_{W'}(d)$ 的绝对值均为 8。

表 4.9　互补波形组关于性质 2 的示例($L=4$)

一般互补波形组	自相关函数序列							$g_W(d)$
w_1　$+++++$	1	2	3	4	3	2	1	12
w_2　$++--$	-1	-2	1	4	1	2	-1	-4
w_3　$-+-+$	-1	2	-3	4	-3	2	-1	-4
w_4　$-++-$	1	-2	-1	4	-1	-2	1	-4

表 4.10　互补波形组关于性质 2 的示例($L=8$)

一般互补波形组	$g_{W'}(d)$
w'_1　$+++-+++-$	8
w'_2　$+-++-++$	8
w'_3　$---++++-$	-8
w'_4　$-+--+-++$	-8

性质 3：对于位数长度均为 L 的任意两组特殊互补波形组和一般互补波形组，始终有 $V \leqslant \min\{V_1, V_2\}$。

该性质的示例可以从例 4.3 与例 4.4 中观察得到。注意对于不同位数长度的特殊互补波形组和一般互补波形组，V 和 V_1、V_2 的值通常会有所变化，但该性质的结论却总是满足。

基于上述三个性质，我们可以进一步分析采用不同生成方法获得的互补波形组对旁瓣抑制性能的影响。注意，旁瓣的幅度和能量在时延-多普勒图像中通常是取绝对值后的表示，因此后面我们将分析式(4.5)、式(4.28)与式(4.29)第二项的绝对值。

我们首先考虑基于格雷互补波形的式(4.5)。根据性质 1 可以得到

$$\left| \sum_{k=-L+1}^{L-1} \left[C_x(k) - C_y(k) \right] \right|$$

$$= | V - (-V) |$$

$$= 2V$$

这表明不同生成方法获得的格雷互补波形在时延-多普勒图像上具有几乎一样的距离旁瓣分布和幅度。

另外,由于式(4.28)与式(4.29)是基于互补波形组,那么对于特殊互补波形组

$$\left| \sum_{k=-L+1}^{L-1} \left[(D-1)C_{a_{p_{\text{GBD}}(n)}}(k) - \sum_{\substack{r=0 \\ r \neq p_{\text{GBD}}(n)}}^{D-1} C_{a_r}(k) \right] \right|$$

$$= \left| (D-1)\sum_{k=-L+1}^{L-1} C_{a_{p_{\text{GBD}}(n)}}(k) - \sum_{k=-L+1}^{L-1} \left[\sum_{r=0}^{D-1} C_{a_r}(k) - C_{a_{p_{\text{GBD}}(n)}}(k) \right] \right|$$

$$= | (D-1)(V+L) - [DL-(V+L)] |$$

$$= DV$$

而对于一般互补波形组,同理可得

$$\left| \sum_{k=-L+1}^{L-1} \left[(D-1)C_{a_{p_{\text{GBD}}(n)}}(k) - \sum_{\substack{r=0 \\ r \neq p_{\text{GBD}}(n)}}^{D-1} C_{a_r}(k) \right] \right|$$

$$= DV_{d'}, \quad d' = 1,2,\cdots,M$$

根据性质 3,$V \leqslant V_{d'}$,这表明特殊互补波形组产生的距离旁瓣在时延-多普勒图像上不会具有比一般互补波形组更广的分布和更高的幅度。

综上所述,对于互补波形组而言,在给定一组固定的(P,Q)序列的情况下,互补波形组的生成方法同样会影响时延-多普勒图像中的距离旁瓣分布和幅度。具体来说,特殊互补波形组通常将具有比一般互补波形组更少的距离旁瓣以及更低的距离旁瓣幅度。这一结论将通过 4.3.6 节的仿真结果进一步证实。

4.3.6　仿真结果与分析

本节通过若干仿真实验来验证广义二项式设计方法的旁瓣抑制性能。仿真所用的全局信号参数如下：雷达工作频率为 $f_c=1\text{GHz}$，带宽为 $B=10\text{MHz}$，采样率 $f_s=10B$，PRI 为 $T=50\mu s$。所采用的互补波形组的各组二值序列均具有 $L=64$ 位 ±1 码元，每一位码元宽度为 $T_c=0.1\mu s$，因此每一位码元具有 $f_s\times T_c=10$ 个采样点。采用广义二项式设计方法时的发射脉冲数目为 $N=64$；而采用传统二项式设计方法时的发射脉冲数目为 $2N=128$。时延-多普勒图像的显示门限 $\text{DL}=-60\text{dB}$。

不失一般性，本节所有的仿真中我们都采用 $D=4$ 的互补波形组进行分析讨论，其中采用的一般互补波形组为通过方法 B 产生的矩阵 Δ' 中的第一列组成的互补波形组，采用的特殊互补波形组为通过方法 C 产生的矩阵 Δ' 中的第一列组成的互补波形组；格雷互补波形的生成方法与 4.2 节保持一致，仍采用级联方式生成。

需要指出的是，广义二项式设计方法中采用的互补波形组在后面的 4.3.6.1 节和 4.3.6.2 节与传统二项式设计方法比较时为特殊互补波形组，在 4.3.6.3 节中增加了一般互补波形组的对照。另外，在获得 3.3.2 节中的图 3.7(a)与图 3.7(b)以及 4.1 节的图 4.1(b)的结果时，采用的互补波形组也为特殊互补波形组。

4.3.6.1　时延-多普勒图像比较

为了方便比较，我们在时延与多普勒均为 0 处设置一个幅度为 0dB 的目标，用以比较广义二项式设计方法与传统二项式设计方法的

时延-多普勒图像(此时的时延-多普勒图像等价于它们的模糊函数),
比较结果如图 4.4 所示。根据前面讨论的方法流程,互补波形组的
前 $N/2$ 个脉冲通过中部旁瓣消隐设计方法进行处理,其输出的时延-
多普勒图像如图 4.10(a)所示;而后 $N/2$ 个脉冲通过两侧旁瓣消隐
设计方法进行处理,其输出的时延-多普勒图像如图 4.10(b)所示;广

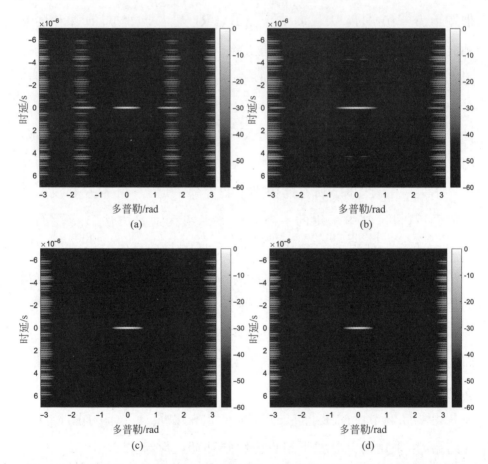

图 4.10　时延-多普勒图像比较:(a)中部旁瓣消隐设计方法;(b)两侧旁瓣
　　　　消隐设计方法;(c)广义二项式设计方法(发射脉冲数目为 64);
　　　　(d)传统二项式设计方法(发射脉冲数目为 128)(图中幅度色条的
　　　　单位为 dB)

义二项式设计方法的最终时延-多普勒图像(图 4.10(c))为图 4.10(a)与图 4.10(b)经过逐点相加处理后的结果。

可以发现,在发射脉冲数目仅为后者一半的情况下,广义二项式设计方法获得了与传统二项式设计方法类似的大的旁瓣抑制区域。另外,我们比较了广义二项式设计方法与传统二项式设计方法在图像中的多普勒主瓣(即零时延截面),比较结果如图 4.11 所示。该结果指出广义二项式设计方法与传统二项式设计方法的多普勒分辨率十分接近。

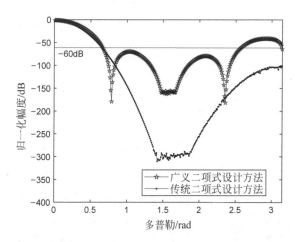

图 4.11　广义二项式设计方法与传统二项式设计方法的多普勒主瓣比较结果

4.3.6.2　PPSR 比较

接下来,为了进一步从数值上分析和比较广义二项式设计方法与传统二项式设计方法的旁瓣抑制性能,我们画出了二者的 PPSR 曲线,如图 4.12 所示。

比较结果显示,在多普勒区间为$[0,2.308]$rad 的区域,传统二项式设计方法的 PPSR 值约为 320dB,比广义二项式设计方法平均高出

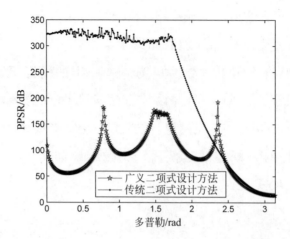

图 4.12　广义二项式设计方法与传统二项式设计方法的 PPSR 比较结果

了 150dB,这说明即使在图像视觉上两种方法具有类似的旁瓣抑制区域,但事实上在该区域内传统二项式设计方法具有比广义二项式设计方法低得多的距离旁瓣能量。尽管如此,在实际的目标检测过程中,作为干扰的旁瓣一般不会出现这种比目标高出几百分贝的极端情况,也就是说我们通常不需要旁瓣抑制方法具有如此强的旁瓣抑制能力;另外,可以计算出广义二项式设计方法的平均 PPSR 值高于87dB,在零多普勒线附近最低也达到了 50dB,我们认为这样的差距通常已足够从旁瓣中检测出目标。

4.3.6.3　不同生成方法获得的互补波形组的旁瓣抑制性能比较

本节通过仿真实验进一步验证在广义二项式设计方法中采用不同生成方法获得的互补波形组对旁瓣抑制性能的影响。在 3.3.2 节已经得到了对一般互补波形组分别采用标准发射顺序与广义 PTM设计方法的时延-多普勒图像如图 3.8 所示,并与图 3.7(a)、图 3.7(b)比较发现当采用相同的波形设计方法时,不同方法生成的互补波形组确实会对旁瓣抑制性能产生不同的影响,从而证实了 4.3.5 节的理论分析。

另外,当互补波形组退化为格雷互补波形时,不同生成方法对旁瓣分布与幅度的影响会显著降低。例如,采用交织方法生成格雷互补波形,每次迭代的交织长度为原二值序列长度的一半,即 $r=L/2$。仍设其他各项参数与本节初始设置一致,对这样一组格雷互补波形分别采用标准发射顺序、广义 PTM 设计方法和二项式设计方法得到的时延-多普勒图像如图 4.13 所示。

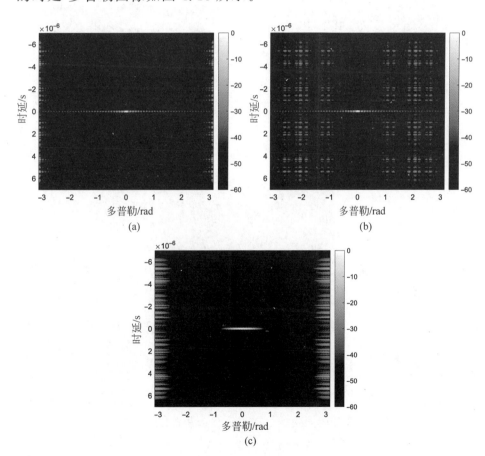

图 4.13　对采用交织方法生成的格雷互补波形分别采用:(a)标准发射顺序;
　　　　(b)广义 PTM 设计方法;(c)二项式设计方法得到的时延-多普勒图像
　　　　(图中幅度色条的单位为 dB)

将图 4.13 与图 3.7(c)、图 3.7(d)和图 3.9(a)的结果对比可以发现,各图像中旁瓣的分布与幅度均基本一致。

接下来将前面采用的特殊互补波形组替换为一般互补波形组,同时保持其余参数不变,此时广义二项式设计方法输出的时延-多普勒图像如图 4.14 所示。

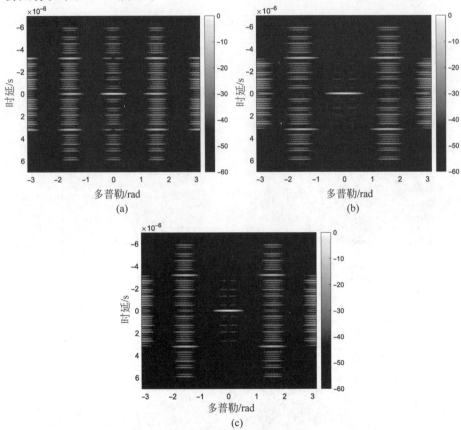

图 4.14　采用一般互补波形组时广义二项式设计方法各阶段的时延-多普勒图像:(a)中部旁瓣消隐设计方法;(b)两侧旁瓣消隐设计方法;(c)流程最终输出结果(图中幅度色条的单位为 dB)

对比采用特殊互补波形组时广义二项式设计方法各阶段的时延-多普勒图像设计[图 4.10(a)~图 4.10(c)]可以发现,在该方法中采用一般互补波形组相比特殊互补波形组会导致图像中出现分布更广、幅度更高的距离旁瓣。图 4.15 所示的 PPSR 曲线比较结果进一步指示了特殊互补波形组相比于一般互补波形组更好的旁瓣抑制性能。

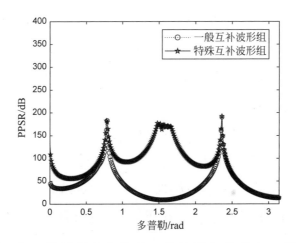

图 4.15 采用一般互补波形组和特殊互补波形组的广义二项式设计方法的 PPSR 曲线比较结果

4.4 本章小结

本章以地基单基地雷达的目标检测与分辨问题为场景,研究了格雷互补波形与互补波形组的目标检测联合设计方法。首先针对现有波形设计方法分别在旁瓣抑制与多普勒分辨率上出现的问题研究了一种格雷互补波形的目标检测联合设计方法,该方法包含三种具体的波形设计方法,通过与二项式设计方法进行逐点最小值处理可以有效降低多目标情况下各目标附近及时延-多普勒图像整体的旁瓣水平；然后分析了其中各波形设计方法的计算量，讨论了逐点最小值处理的性能，估计了时延-多普勒图像中的显著旁瓣区域，并分别通过一组固定目标场景仿真和随机目标场景仿真验证了格雷互补波形目标检测联合设计方法的性能。其次针对传统二项式设计方法的缺陷研究了一种互补波形组的目标检测联合设计方法；该方法将互补波形组发射脉冲串分为前半部分和后半部分，并分别对应采用两种独立的接收端加权方法——中部旁瓣消隐设计方法和两侧旁瓣消隐设计方法进行处理，然后通过逐点相加处理结合二者的输出结果，避免了在第3章采用逐点最小值处理时可能出现的在消除旁瓣时同时将目标一并消除这一问题；此外，还分析了不同生成方法获得的互补波形组对时延-多普勒图像中旁瓣抑制性能的影响，并通过若干组仿真实验与性能参数比较验证了互补波形组目标检测联合设计方法的有效性。本章的主要研究工作与结论如下：

（1）为综合一阶里德-穆勒序列方法与二项式设计方法这两种方法的优点，研究了一种格雷互补波形目标检测联合设计方法。该方法流程采用了一个逐点非线性处理器来结合两种并行的波形设计方法的输出结果，其效果是在理论上能够可以实现对多个目标多普勒附近的距离旁瓣抑制，同时保持目标的多普勒分辨率不会显著下降。

（2）分析了格雷互补波形目标检测联合设计方法中各个波形设计方法的计算量，发现方法1虽然旁瓣抑制效果最好但计算量最大，方法2的计算量和旁瓣抑制能力取决于场景中具有不同多普勒的目标数量，而方法3则在计算量和旁瓣抑制性能上实现了折中。接下来，分析讨论了目标在实际中由于微动产生的振荡，并定义了一个统计意义上的区域TLOR，指出当目标的位置振荡处于TLOR之内时，该方法的最终输出结果不会因为逐点最小值处理而丢失目标。此外,还通过样本训练的方式分析讨论了时延-多普勒图像中显著旁瓣区域的分布情况,发现其与目标位置的估计值(τ_h,f_{d_h})、格雷互补波形的码元位数长度 L、每一位码元宽度 T_c 以及图像显示门限 DL 有关。最后通过一组固定目标场景仿真和随机目标场景仿真验证了格雷互补波形目标检测联合设计方法的目标检测性能。

（3）研究了一种针对二项式设计方法缺陷的互补波形组目标检测联合设计方法,也称为广义二项式设计方法。它将互补波形组脉冲串分为前后两部分,并分别采用了两种独立的接收端加权方法。该方法相比于传统二项式设计方法减少了一半的脉冲积累时间,也不会出现采用逐点非线性处理时目标信息可能会丢失的问题,同时可以获得类似于传统二项式设计方法的旁瓣抑制效果与多普勒分辨率。

（4）通过推导时延-多普勒图像的表达式,分析了不同生成方法获得的互补波形组对时延-多普勒图像中旁瓣抑制性能的影响。研究发现,采用由若干组格雷互补波形组成的"特殊互补波形组"可以获得相比"一般互补波形组"更少、更低的距离旁瓣。

本章的研究工作是对第 2 章和第 3 章介绍的互补波形理论基础和现存问题开展的扩展和创新性研究,通过对互补波形进行发射端和接收端联合设计,有效提升了互补波形在目标检测问题中的旁瓣抑制和目标分辨性能。在第 5 章我们将基于本章的研究内容设计两个实际应用场景,分别研究格雷互补波形在海杂波情况下和互补波形组基于分布式多基地雷达的目标检测性能。

参考文献

[1]　Levanon N,Cohen I, Itkin P. Complementary pair radar waveforms-

evaluating and mitigating some drawbacks［J］. IEEE Aerospace and Electronic Systems Magazine,2017,32（3）：40-50.

［2］ 李艳.雷达多目标方法研究[D].长沙：国防科学技术大学,2005.

［3］ Bar-Shalom Y，Fortmann T E. Tracking and data association［M］. Academic Press,1988.

［4］ Dang W. Signal design for active sensing［D］. Fort Collins：Colorado State University,2014.

［5］ Suvorova S,Howard S，Moran B,et al. Doppler resilience,Reed-Müller codes and complementary waveforms［C］. Conference Record of the Forty-First Asilomar Conference on Signals, Systems and Computers （ASILOMAR）,2007：1839-1843.

［6］ Zhu J,Wang X,Huang X， et al. Golay complementary waveforms in Reed-Müller sequences for radar detection of nonzero Doppler targets ［J］. Sensors,2018,18(1)：192(1-20).

［7］ Nion D,Sidiropoulos N D. Tensor algebra and multidimensional harmonic retrieval in signal processing for MIMO radar[J]. IEEE Transactions on Signal Processing,2010,58 (11)：5693-5705.

［8］ Ojha A K,Koch D B. Impact of noise and target fluctuation on the performance of binary phase coded radar signals ［C］. IEEE SoutheasTcon'92 Proceedings,1992：215-218.

［9］ Temes C L. Sidelobe suppression in a range-channel pulse-compression radar[J]. IRE Transactions on Military Electronics,1962,MIL-6 （2）：162-169.

第5章

互补波形在雷达目标检测中的应用

5.1　引言

　　第 4 章主要研究了地基单基地雷达的格雷互补波形的多目标检测问题与互补波形组的旁瓣抑制波形设计方法,其研究内容基于的检测背景与系统设置都相对比较简单,即高斯白噪声背景与单基地情况,而实际的检测环境与雷达系统都很有可能更复杂。通常情况下,检测背景中除了噪声还有各种杂波,如海杂波、地杂波、叶簇杂波等,与目标特性相似的强杂波将会导致虚假目标的出现,影响真实目标的检测。另外,为更好地完成不同的雷达任务,雷达的系统设置也更多样化,例如,采用多基地分布式雷达可以更好地探测隐身目标、对目标进行更精准的定位。鉴于互补波形已经在第 4 章的简单条件下表现出了较好的旁瓣抑制与目标检测性能,我们也希望能够对其在更复杂条件下的旁瓣抑制与目标检测效果进行评估,以使对互补波形的目标检测分析更接近实际情况。由于目前尚无法获得真正采用互补波形的雷达系统采集的实测数据,所以本章主要通过理论分析和仿真实验开展了两种设想应用场景下的互补波形研究工作,并对这两种场景下互补波形的目标检测性能进行了初步验证。

本章的内容安排如下:5.2 节简化了 4.2 节研究的格雷互补波形目标检测联合设计方法,接着利用该简化方法分析了海杂波情况下格雷互补波形的目标检测性能,并与同样条件下的 LFM 波形进行了性能比较;5.3 节讨论了互补波形组在分布式多基地雷达中的互补波形组目标检测以及天线的不同载频与初始相位对目标回波的影响;5.4 节对本章内容进行了小结。

5.2　海杂波情况下格雷互补波形的目标检测

海杂波作为一种电磁波照射在海面反射的回波,是杂波中较为复杂的一种形式[1]。相对其他类型的杂波来说,海杂波通常具有回波幅度高、时间和位置上比目标起伏变化更快等特点[2]。前面已经介绍过,格雷互补波形对于目标多普勒的变化较为敏感,而海杂波的这些特点将会导致时延-多普勒图像中出现更多虚假目标和距离旁瓣,使得该波形的目标检测性能可能被恶化。

基于上述因素,本节将重点考虑海杂波对格雷互补波形的目标检测可能产生的影响。由于海杂波对时延-多普勒图像中目标检测性能的影响主要体现在幅度上,我们首先介绍了几种常见的海杂波幅度统计特性;另外,我们接着分析了格雷互补波形与 LFM 波形的时延主瓣,将其与传统雷达发射波形进行了比较;然后简化了 4.2 节研究的格雷互补波形目标检测联合设计方法,从目标虚警概率和检测概率的角度讨论了逐点最小值处理的有效性;进一步通过若干组仿真实验验证了简化联合设计方法同样可以有效抑制由海杂波产生的虚假目标和距离旁瓣,提高真实目标的检测性能,并具有比 LFM 波形更好的效果。

5.2.1　海杂波幅度统计特性简要介绍

海杂波的幅度统计特性一般可以通过雷达系统接收端回波幅度的概率密度函数来描述,但是由于实际情况的海杂波相当复杂,我们无法根据某一种幅度统计特性模型来完备地说明海杂波的起伏变化,因此需要根据检测环境和系统条件尽量选择合适的模型来进行拟合。下面我们简要介绍几种常用的海杂波幅度统计特性模型。

5.2.1.1　瑞利分布

根据中心极限定理(central limit theorem),海杂波是大量独立且随机分布的散射体后向散射回波的矢量和。在雷达分辨率较低时,可以通过复高斯模型来表述海杂波模型,其幅度服从经典的瑞利分布(Rayleigh distribution),即

$$f(r) = \frac{r}{\sigma^2} \exp\left(-\frac{r^2}{2\sigma^2}\right) \tag{5.1}$$

其中,$r \geq 0$ 表示海杂波幅度,σ^2 为其方差。具有不同方差的 Rayleigh 分布概率密度函数分布曲线如图 5.1 所示。Rayleigh 分布是一种理想简单的模型,通常用于要求不高的海杂波特性的理论分析。然而随着对海杂波研究的深入以及雷达分辨率的提高,海杂波的分布更

加趋近于一种重拖尾分布(heavy-tailed distribution),呈现很强的非高斯特性[3-6]。此时 Rayleigh 分布将不能很好地刻画海杂波的幅度统计特性,可能出现较高的虚警。

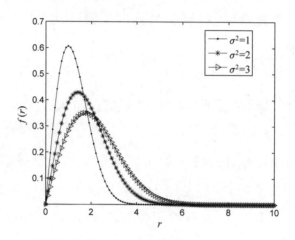

图 5.1　不同方差的 Rayleigh 分布概率密度函数分布曲线

5.2.1.2　对数正态分布

当分辨率较高时,场景中检测到的具有高幅度的海杂波也会更多,导致海杂波的幅度统计特性偏离了 Rayleigh 分布模型,即前面所说的,需要采用更重拖尾的分布来进行拟合。对数正态分布(log-normal distribution)[7]的曲线具有更重的拖尾,因此相比 Rayleigh 分布更适合于分辨率较高的雷达系统,其概率密度函数可以表示为

$$f(r) = \frac{1}{\sqrt{2\pi}\sigma r} \exp\left[-\frac{(\ln r - \mu)^2}{2\sigma^2}\right] \tag{5.2}$$

其中,$r \geqslant 0$ 表示海杂波幅度,$\mu \geqslant 0$ 表示该分布的中位数,是尺度参数;$\sigma > 0$ 表示该分布的偏斜程度,为形状参数;$r = 0$ 时,$f(0) = 0$。具有不同参数值的对数正态分布概率密度函数分布曲线如图 5.2 所示。

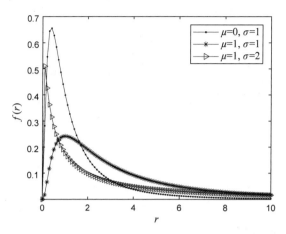

图 5.2　不同参数值的对数正态分布概率密度函数分布曲线

值得一提的是,对数正态分布的一个缺点是有可能会过度估计海杂波幅度的变化[8]。

5.2.1.3　威布尔分布

根据前面的介绍可以发现,Rayleigh 分布和对数正态分布只能满足非常有限的海杂波幅度统计特性情况。一般来说,Rayleigh 分布倾向于拟合环境较为简单的海杂波模型,往往会低估海杂波幅度的动态范围;而对数正态分布更趋向于表示海杂波的相对极端情况,更有可能高估海杂波幅度的动态范围。相比之下,威布尔分布(Weibull distribution)可以通过调整其参数在更广的条件下更为准确地表征实际的海杂波分布,它是一种介于 Rayleigh 分布和对数正态分布之间的分布模型[9]。威布尔分布的概率密度函数可以表示为

$$f(r) = \frac{\mu}{\sigma}\left(\frac{r}{\sigma}\right)^{\mu-1}\exp\left[-\left(\frac{r}{\sigma}\right)^{\mu}\right] \qquad (5.3)$$

其中,$r \geqslant 0$ 表示海杂波幅度,尺度参数 $\mu \geqslant 0$ 表示该分布的中位数;

形状参数 $\sigma>0$ 表示该分布的偏斜程度。可以发现，$\mu=2$ 时威布尔分布变成了 Rayleigh 分布；$\mu=1$ 时威布尔分布则变成了指数分布（此时不能很好地拟合海杂波的幅度统计特性，因此对于该分布来说，合适的参数选取是决定拟合效果的重要因素）。具有不同参数值的威布尔分布概率密度函数分布曲线如图 5.3 所示。

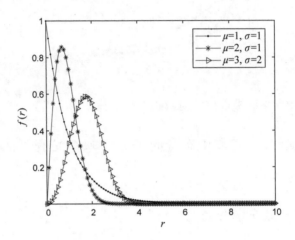

图 5.3　不同参数值的威布尔分布概率密度函数分布曲线

但是，威布尔分布存在的一个问题是它在参数的选取上相对更依赖经验，缺乏理论推导与证明[10]。

5.2.1.4　K 分布

K 分布是一种可以较为有效反映海杂波幅度统计特性的分布模型。该分布综合考虑了实际海杂波存在的快变分量——海杂波尖峰的平均幅度变化，记为 r；以及慢变分量——海杂波幅度的周期变化，记为 y[11-12]。通常慢变分量 y 可以用伽马（Gamma）分布表示，即

$$f_{\mathrm{m}}(y)=\frac{b^{v}}{\Gamma(v)}y^{v-1}\exp(-by) \tag{5.4}$$

式中，$y\geqslant0$ 表示慢变分量幅度，$\Gamma(\cdot)$ 表示 Gamma 函数，v 与 b 分别

表示该分布的形状参数与比例参数,且

$$b^2 = \frac{v}{E(y^2)}$$

其中,$E(y^2)$表示慢变分量 y 的平均功率。

另外,快变分量 r 可以用 Rayleigh 分布来描述,即

$$f(r \mid y) = \frac{\pi r}{2y^2} \exp\left(-\frac{\pi r^2}{2y^2}\right) \tag{5.5}$$

式中,$r \geqslant 0$ 表示快变分量幅度,且该分布的方差为 $\sigma^2 = 2y^2/\pi$,这说明该分布的均值 $\mathrm{mean}(r) = \sigma\sqrt{\pi/2} = y$。

那么,海杂波的幅度统计特性可以通过慢变分量与快变分量的分布模型相乘以符合 K 分布,即

$$f(r) = \int_0^{+\infty} f(r \mid y) f_{\mathrm{m}}(y) \mathrm{d}y = \frac{2a}{\Gamma(v)}\left(\frac{ar}{2}\right)^v K_{v-1}(ar) \tag{5.6}$$

其中,$K_{v-1}(\cdot)$表示 $v-1$ 阶第二类修正贝塞尔函数($(v-1)$th order modified Bessel function of second kind),v 与 a 分别表示该分布的形状参数与比例参数,且 $a = b\sqrt{\pi}$。

与威布尔分布类似的是,Rayleigh 分布同样是 K 分布的一种特殊情况[10,13]。K 分布较为全面地考虑了海杂波的散射机理,因而成为了目前应用最广泛的海杂波模型之一。具有不同参数值的 K 分布概率密度函数分布曲线如图 5.4 所示。

5.2.1.5　α 稳定分布

α 稳定分布(α-stable distribution)模型是一种更一般化的重拖尾分布模型。文献[14]中指出,现有的分布模型在海杂波的幅度变化处于比较广的程度、甚至趋于冲激形式时对海杂波的雷达散射截面

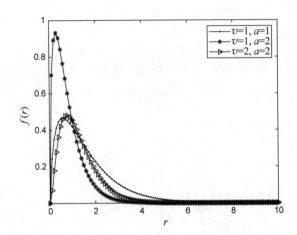

图 5.4　不同参数值的 K 分布概率密度函数分布曲线

积(radar cross section,RCS)的描述性能会不那么尽如人意,而作为另一种分布模型选择方案,α 稳定分布模型可以在更广的幅度变化范围内较好地拟合海杂波的幅度统计特性,特别是在海杂波的幅度变化趋近冲激状态时以及低 SNR 情形下相对其他分布模型具有更好的表示效果。

关于 α 稳定分布较为系统的论述更早可以回溯到文献[15]和文献[16]中的内容。α 稳定分布是基于广义中心极限定理(generalized central limit theorem)得到的一种分布模型,并且同样将 Rayleigh 分布纳为其一种特殊情况。由于 α 稳定分布概率密度函数的理论表达式较难得到,它通常利用特征函数(characteristic function,概率密度函数经傅里叶变换后的函数)来进行描述[10],即

$$\psi(t) = \begin{cases} \exp\left\{ \mathrm{j}\xi t - \gamma \mid t \mid^{\alpha} \left[1 + \mathrm{j}\beta \mathrm{sgn}(t) \tan\left(\dfrac{\alpha\pi}{2}\right) \right] \right\}, & \alpha \neq 1 \\[3mm] \exp\left\{ \mathrm{j}\xi t - \gamma \mid t \mid \left[1 + \mathrm{j}\beta \mathrm{sgn}(t) \dfrac{2}{\pi} \lg \mid t \mid \right] \right\}, & \alpha = 1 \end{cases}$$

$$(5.7)$$

式中,"sgn"表示符号函数;$-\infty < \xi < +\infty$ 是位置参数,表征概率密度函数分布曲线在概率密度函数域的 x 轴上的偏移量;$\gamma > 0$ 是尺度参数,衡量随机变量相对其均值的偏移;$0 < \alpha \leqslant 2$ 为特征指数,决定概率密度函数的拖尾程度;$-1 \leqslant \beta \leqslant 1$ 是形状参数,控制概率密度函数分布曲线的偏斜程度。

α 稳定分布可以通过适当调整上述参数来更好地拟合实际情况下的海杂波幅度统计特性,但在很多时候这将导致相当复杂的操作。事实上,我们可以考虑 α 稳定分布模型的一种特殊情况,即设 $\xi = 0$ 以及 $\beta = 0$,这种分布模型称为零均值均匀 α 稳定分布(zero-mean symmetric α-stable (SαS) distribution),其特征函数可以写为

$$\phi(t) = \exp(-\gamma \mid t \mid^{\alpha}) \tag{5.8}$$

由于零均值 SαS 分布的特征函数表达式相对较为简单,我们可以通过一系列数学推导得到它的概率密度函数表达式[10],即

$$f_{\alpha,\gamma}(r) = \int_0^{+\infty} t \exp(-\gamma t^{\alpha}) J_0(tr) \mathrm{d}t \tag{5.9}$$

式中,$J_0(\cdot)$ 表示 0 阶第一类贝塞尔函数(zeroth order Bessel function of the first kind)[17]。

利用文献[18]中的结论,我们可以进一步得到,当 $\alpha = 2$ 时,

$$f_{2,\gamma}(r) = \frac{r}{2\gamma} \exp\left(-\frac{r^2}{4\gamma}\right) \tag{5.10}$$

此时为传统的 Rayleigh 分布;当 $\alpha = 1$ 时,

$$f_{1,\gamma}(r) = \frac{r\gamma}{(r^2 + \gamma^2)^{3/2}} \tag{5.11}$$

而对于其他 α 值,目前还无法将式(5.9)推导为更简单的形式,但我们仍可以通过数值仿真来对比不同 α 值时零均值 SαS 分布概率密度函数分布曲线的变化,如图 5.5 所示(不失一般性,图中各曲线的 γ 值均设为 1)。

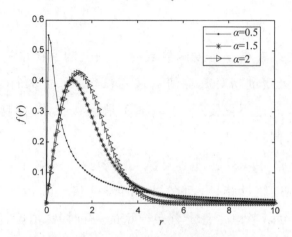

图 5.5   不同 α 值时 SαS 分布的概率密度函数分布曲线($\gamma=1$)

基于上述讨论,在 5.2 节中将采用零均值 SαS 分布模型来对海杂波进行建模。通常,当 $1.3<\alpha<2$ 时,零均值 SαS 分布变现为重拖尾 Rayleigh 分布,此时可以估计若干 α 的值,计算分布的概率密度函数,然后选择对实际海杂波拟合更好的 α 值[14]。文献[10]进一步给出了具体估计 α 和 γ 值的方法。

另外,在仿真海杂波时,认为其均匀地出现在时延-多普勒图像中(即具有不同的时延和多普勒值),并且其出现密度可以由泊松分布(Poisson distribution)进行描述,即

$$P(X \mid \lambda) = \frac{\lambda^{X}}{X!} e^{-\lambda} \tag{5.12}$$

其中,参数 X 和 λ 分别表示被检测为假目标的海杂波尖峰在时延-多普勒图像中可能出现的实际数目与其平均值。

5.2.2   格雷互补波形与 LFM 波形的时延主瓣宽度比较

在 4.2 节的论述中,通过比较格雷互补波形的不同波形设计方法

说明了其目标检测性能,但并没有比较与其他发射波形的检测效果。因此本节将以 LFM 波形为例,进一步比较格雷互补波形与传统的雷达发射波形之间的目标检测性能差异。

对于 LFM 波形,理论上其回波经过匹配滤波后的时延主瓣宽度为

$$\mathcal{M}_{\text{LFM}} = \frac{2}{B} \qquad (5.13)$$

另外,格雷互补波形回波经过匹配滤波后的时延主瓣宽度为

$$\mathcal{M}_{\text{Golay}} = 2T_{\text{c}} \qquad (5.14)$$

给定同样的脉冲宽度 $T_{\text{P}} = LT_{\text{c}}$,并规定 LFM 波形的调频率为 $k_{\text{LFM}} = B/T_{\text{P}}$,其带宽 B 与格雷互补波形的每一位码元的带宽相等。因为格雷互补波形的每一位码元在理想情况下都是一个宽度为 T_{c} 的简单脉冲,因此 $B = 1/T_{\text{c}}$[19]。所以在理论上应有

$$\mathcal{M}_{\text{Golay}} = \mathcal{M}_{\text{LFM}}$$

格雷互补波形与 LFM 波形经过匹配滤波后的结果如图 5.6 所示(画图所需的各项参数将在 5.2.5 节给出)。由于 LFM 波形存在

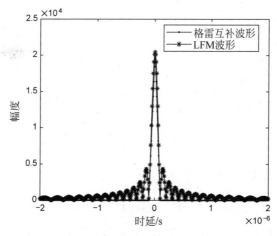

图 5.6 格雷互补波形与 LFM 波形经过匹配滤波后的结果

显著旁瓣,因此可以预见格雷互补波形在时延-多普勒图像中会具有比 LFM 波形更好的时延分辨率。

5.2.3 格雷互补波形目标检测简化联合设计方法

在 4.2 节中我们研究采用了包含三种具体设计方法的格雷互补波形联合设计方法,发现方法 1 和方法 2 虽然具有很好的旁瓣抑制和目标检测效果,但是相比方法 3 需要消耗多得多的处理时间,因此在以后对实时性要求较高的可能应用场景中这两种方法的可行性仍有待进一步探究。为了方便分析海杂波对之前研究的格雷互补波形联合设计方法的影响,我们将该方法进行简化,记为"加权旁瓣最小方法"(weighted sidelobe minimization (WSM) procedure)。简化后的方法仅采用方法 3,即加权平均多普勒方法,与二项式设计方法进行逐点最小值处理,如图 5.7 所示。

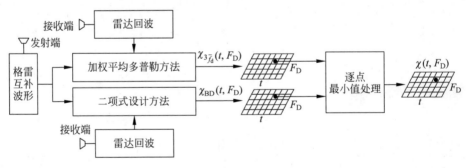

图 5.7　加权旁瓣最小方法流程

此时该方法的最终输出为

$$\chi(t,F_D) = \min\{\chi_{3_{\overline{f}_d}}(t,F_D), \chi_{BD}(t,F_D)\} \qquad (5.15)$$

基于 4.2 节所做的假设,由于海杂波尖峰的幅度和位置通常随时间的变化比目标快很多,因此在理论上 $\chi_{3\overline{f_d}}(t,F_D)$ 和 $\chi_{BD}(t,F_D)$ 中海杂波的分布不同,那么经过逐点最小值处理后的最终输出的时延-多普勒图像中,不仅是距离旁瓣,海杂波也将会被显著抑制。

5.2.4　目标虚警概率与检测概率分析

在4.2.4节我们分析了对于一个 Swerling Ⅱ 模型描述的目标来说,逐点最小值处理能够在时延-多普勒图像中有效使用的临界位置振荡条件。这里所说的临界位置条件是指 Swerling Ⅱ 目标在经过了逐点最小值处理后不至于完全不可能被检测的位置振荡范围,但在振荡较大时,目标的检测概率一般较小,通常难以满足规定的检测概率要求。在本节我们将分析给定一个检测概率时,Swerling Ⅱ 目标的各种振荡可以被容许在何种范围之内。

事实上,在统计意义上一个 Swerling Ⅱ 目标的振荡可以被认为包含了三种独立的振荡形式——幅度振荡(或 RCS 振荡)、时延振荡和多普勒振荡。在远场条件下,这三种振荡形式可以近似地认为是 IID 的高斯分布[19],即 $\mathcal{N}(\hat{A},\sigma_A^2)$,$\mathcal{N}(\hat{\tau},\sigma_T^2)$ 和 $\mathcal{N}(\hat{f}_d,\sigma_D^2)$,其中 $\hat{A}$、$\hat{\tau}$ 和 $\hat{f}_d$ 为目标幅度、时延和多普勒的估计值,σ_A^2、σ_T^2 和 σ_D^2 分别是它们的方差。

我们仍考虑4.2.4节讨论的逐点最小值处理有效性的最差情况,此时目标可以被检测的条件是经过逐点最小值处理输出的目标幅度仍大于最大旁瓣幅度(记为 A_s)。接着,我们在时延-多普勒图像中目标尖峰的幅度为 A_s 处截取一个椭圆截面,此时该截面的时延半轴值和多普勒半轴值(记为 τ_s 和 f_{d_s})则分别表示了目标在时延和多普勒上振荡范围的边界。以上三种 IID 振荡的概率密度函数与它们的振荡范围边界的关系如图 5.8 所示。

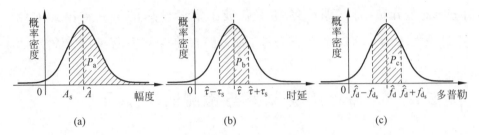

图 5.8　三种 IID 振荡的概率密度函数与它们的振荡范围边界的关系：
(a)幅度振荡；(b)时延振荡；(c)多普勒振荡

图 5.8 中阴影部分的积分表示了三种振荡处于边界之内的概率，分别记为 P_a、P_b 和 P_c，$0 < P_a, P_b, P_c < 1$。根据高斯分布的性质，可以得到[20]

$$P_a = \int_a^{+\infty} \frac{1}{\sqrt{2\pi}} \exp\left(-\frac{1}{2}A^2\right) \mathrm{d}A \qquad (5.16)$$

$$P_b = \int_{b_1}^{b_2} \frac{1}{\sqrt{2\pi}} \exp\left(-\frac{1}{2}\tau^2\right) \mathrm{d}\tau \qquad (5.17)$$

$$P_c = \int_{c_1}^{c_2} \frac{1}{\sqrt{2\pi}} \exp\left(-\frac{1}{2}f_d^2\right) \mathrm{d}f_d \qquad (5.18)$$

其中，$a = (A_s - \hat{A})/\sigma_A$，$b_1 = -\tau_s/\sigma_T$，$b_2 = \tau_s/\sigma_T$，$c_1 = -f_{d_s}/\sigma_D$，$c_2 = f_{d_s}/\sigma_D$。

由于三种振荡满足 IID 高斯分布，那么经过逐点最小值处理后的目标检测概率 P_D 为

$$P_D = P_a \times P_b \times P_c \qquad (5.19)$$

对于一个给定的目标检测概率，对应的 σ_A、σ_T 和 σ_D 描述了三种振荡容许的标准差，并且由 σ_T 和 σ_D 作为时延和多普勒半轴的椭圆划定了此时目标尖峰在时延-多普勒图像中的振荡范围（该范围在

$P_a = P_b = P_c$ 时达到最大,后面的例子中也将采用这种情形)。

例 5.1:图 5.9 给出了 $\chi(t, F_D)$ 的一个示例结果。如图 5.9(a) 所示,图中包含了一个 0dB 的强目标和一个 -20dB 的弱目标(这里暂时没有考虑海杂波和噪声的影响),且最大旁瓣幅度为 -23.74dB。为了使弱目标满足逐点最小值处理有效性的最差情况,我们希望其振荡后的幅度至少大于 -23dB。通过这个值可以在弱目标尖峰上截取一个椭圆截面,其时延半轴 τ_s 和多普勒半轴 f_{d_s} 的值分别为 0.03μs 和 0.088rad(或者在距离和速度的振荡等价为 4.5m 和 42.02m/s),如图 5.9(b)所示。这时如果我们规定该弱目标检测概率为 $P_D = 0.9$,则可以得到 $P_a = P_b = P_c = 0.9655$,然后可以求出 σ_A、σ_T 和 σ_D 分别为 0.2747μs、0.0142μs 和 0.0416rad。满足该 P_D 的目标尖峰振荡范围如图 5.9(b)所示。另外,由于目标分辨单元的时延半轴和多普勒半轴值分别为 0.1μs 和 0.1988rad,那么相对于该分辨单元的大小,目标尖峰在时延和多普勒上的振荡可以分别容许在 14.20% 及 20.93% 的范围内,以保证其具有 90% 的检测概率。

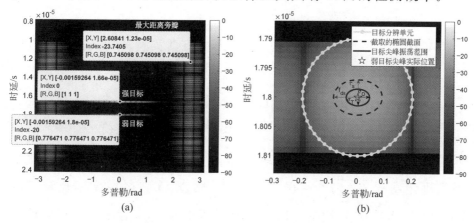

图 5.9 振荡范围示例结果:(a)$\chi(t, F_D)$ 的示例结果;(b)图(a)在弱目标附近的放大图像(图中幅度色条的单位为 dB)

反过来说,当获得了 Swerling Ⅱ目标的幅度、时延和多普勒振荡的统计信息时,我们也可以计算经过逐点最小值处理后的目标检测概率。

另外,此时的虚警主要由幅度与目标相当的海杂波尖峰引起,其虚警概率可以表示为

$$P_{\mathrm{FA}} = \frac{X}{Y_0} P(X \mid \lambda) \tag{5.20}$$

其中,Y_0 表示在时延-多普勒图像的 $[0, T] \times [-\pi, \pi]$ 区间内的总分辨单元数目。每个分辨单元大小可以表示为

$$\frac{1}{f_{\mathrm{s}}} \times \Delta F_{\mathrm{D}}$$

其中,ΔF_{D} 为多普勒轴上的步进值,由多普勒分辨率 $1/(NT)$ 决定,通常 $\Delta F_{\mathrm{D}} \leqslant 1/(2NT)$[19]。因此可以计算得到

$$Y_0 = Tf_{\mathrm{s}} \times \frac{2\pi}{\Delta F_{\mathrm{D}}} \tag{5.21}$$

5.2.5　仿真结果与分析

本节与 4.2.6 节类似,采用了若干组仿真实验来验证在海杂波中 WSM 方法的有效性。仿真所用的全局信号参数如下:雷达工作频率为 $f_{\mathrm{c}} = 1\mathrm{GHz}$,带宽为 $B = 10\mathrm{MHz}$,采样率 $f_{\mathrm{s}} = 10B$,PRI 为 $T = 50\mu\mathrm{s}$,脉冲数目 $N = 2^5 = 32$。所采用的格雷互补波形的各组二值序列均具有 $L = 64$ 位 ± 1 码元,每一位码元宽度为 $T_{\mathrm{c}} = 0.1\mu\mathrm{s}$,因此每一位码元具有 $f_{\mathrm{s}} \times T_{\mathrm{c}} = 10$ 个采样点。时延-多普勒图像的显示门限 $\mathrm{DL} = -90\mathrm{dB}$。对比用的 LFM 波形调频率 $k_{\mathrm{LFM}} = B/(LT_{\mathrm{c}})$,且单个脉冲的能量与格雷互补波形相等。我们类似地设计一组海杂波下的固定目标场景仿真来验证 WSM 方法的有效性,以及一组随机目标场

景仿真来比较传统二项式设计方法、LFM 波形与 WSM 方法的目标检测性能。

5.2.5.1　具有海杂波的固定目标场景仿真

我们仍考虑一个具有 5 个不同幅度目标的检测场景,目标包括 3 个幅度为 0dB 的强目标(目标 1～目标 3)和 2 个幅度为 -20dB 的弱目标(目标 4 和目标 5),它们在图中的位置信息见表 5.1。

表 5.1　海杂波下固定目标场景中各目标时延与多普勒值

目 标 序 号	时　　延	多　普　勒
目标 1	$\tau_1 = 11.4\mu s$	$f_{d_1} = 1.3$rad
目标 2	$\tau_2 = 18.6\mu s$	$f_{d_2} = -0.7$rad
目标 3	$\tau_3 = 11.4\mu s$	$f_{d_3} = 0.9$rad
目标 4	$\tau_4 = 19\mu s$	$f_{d_4} = 2.2$rad
目标 5	$\tau_5 = 13.9\mu s$	$f_{d_5} = -2.1$rad

所有目标均通过 Swerling Ⅱ 模型进行建模,模型参数 σ_A、σ_T 和 σ_D 与例 4.1 中取值一致。场景噪声 $E \sim \mathcal{CN}(0,1)$,信噪比为 $SNR = 10$dB。海杂波模型采用零均值 SαS 分布模型,模型参数 $\alpha = 1.37$, $\gamma = 1^{[10]}$;海杂波的出现密度模型参数为 $\lambda = 10$,海杂波尖峰的平均幅度为 -10dB。

实际上,利用海杂波随时间变化较快的特性,我们一般通过积累多组雷达回波然后求平均的方法来提高信杂比(signal-to-clutter ratio,SCR),因此在本节仿真中我们同样对二项式设计方法和 LFM 波形采用此方法来提高它们的杂波抑制性能。我们对二项式设计方法和 LFM 波形积累连续的 5 组雷达回波后计算平均的时延-多普勒图像,并记为"积累二项式设计结果"与"积累 LFM 波形结果"。

图 5.10 比较了二项式设计方法、积累二项式设计结果、LFM 波

形、积累 LFM 波形结果以及 WSM 方法输出的时延-多普勒图像。从图中结果可以发现,WSM 方法不需要进行更多的雷达回波积累(这使得在有海杂波的情况下使用 WSM 方法不会比无杂波情况下使用增加更多的计算量),并且获得了相比其他方法更好的杂波与旁瓣抑制效果。另外,该仿真结果也验证了格雷互补波形在时延-多普勒图像中具有比 LFM 波形更好的时延分辨率。

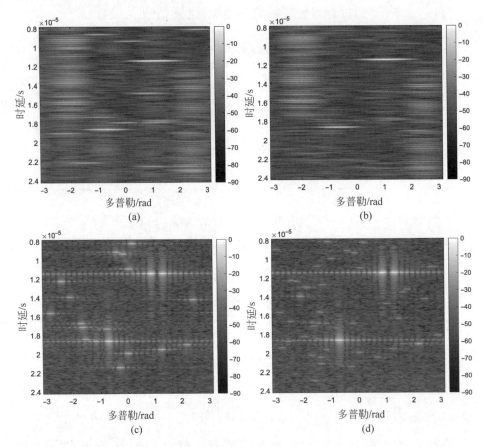

图 5.10　具有海杂波的固定目标检测场景下的仿真结果:(a)二项式设计方法;(b)积累二项式设计结果;(c)LFM 波形;(d)积累 LFM 波形结果;(e)WSM 方法在固定目标场景仿真中输出的时延-多普勒图像;(f)各目标在检测场景中的位置和幅度示意图(图中幅度色条的单位为 dB)

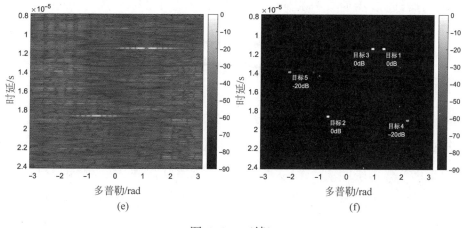

图 5.10　(续)

值得一提的是,该仿真中上述 5 种方法的计算量之比为 1∶5∶
1∶5∶2。

5.2.5.2　具有海杂波的随机目标场景仿真

本节我们类似地研究 4.2.6.2 节讨论的 4 种情况,即

(1) 1 个强目标、1 个弱目标;

(2) 1 个强目标、2 个弱目标;

(3) 2 个强目标、2 个弱目标;

(4) 3 个强目标、2 个弱目标;

并采用 1000 次 Monte Carlo 仿真计算二项式设计方法、积累二项式
设计结果、LFM 波形、积累 LFM 波形结果以及 WSM 方法的正确目
标检测次数。同样,一次正确检测是指在一次 Monte Carlo 仿真中所
有的真实目标都被检测到,并且没有虚警或漏警出现。这里我们采
用最大旁瓣幅度值作为每次 Monte Carlo 仿真的检测门限(再次重
申,选取该门限是基于仿真情况下确切知道最大旁瓣幅度的条件来
进行的,用以评估和说明各方法的目标检测性能,在实际中如何选取

门限仍需进一步研究），此时对于 WSM 方法，目标经过逐点最小值处理后有可能因幅度低于门限而造成漏警，或者由于海杂波没有被完全抑制而产生虚警。仿真结果如图 5.11 所示。该结果在统计意义上验证了 WSM 方法相比其他 4 种方法的优越性。与图 3.6(c) 同理，当目标数目增多时，由于目标引起的距离旁瓣也同时增多，所有方法的性能均逐渐下降。此外还可以发现，LFM 波形具有比二项式设计方法更多的正确目标检测次数（不论积累前后，因为二项式设计方法严重牺牲了多普勒分辨率，导致目标重叠在一起的可能性相比 LFM 波形的结果更大），并且在没有海杂波影响的情况下可以达到与 WSM 方法差不多的检测效果。

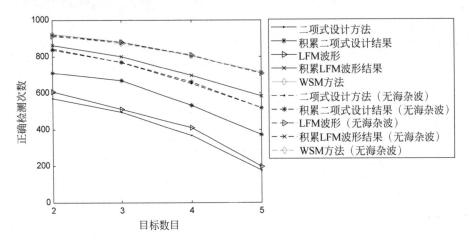

图 5.11　在有/无海杂波的情况下，二项式设计方法、积累二项式设计结果、LFM 波形、积累 LFM 波形结果以及 WSM 方法的正确检测次数对比结果

进一步，我们特别在第 4 种情况下（3 个强目标、2 个弱目标）讨论了二项式设计方法、LFM 波形和 WSM 方法在不同 SNR 下的"多目标检测概率"。基于前面的设定，我们对每组 SNR 都进行 1000 次

Monte Carlo 仿真,并定义多目标检测概率为 1000 次仿真中正确目标检测次数所占的百分比。由于前面已经设定好了最大旁瓣幅度值作为检测门限,这里我们通过改变海杂波的出现密度(即改变参数 λ 的值)来实现虚警概率的变化,仿真结果如图 5.12 所示。图 5.12(a) 的结果表明 WSM 方法在 SNR 很低的情况下与其他两种方法的多目标检测概率差不多,这是因为此时目标基本淹没在了强噪声中导致目标检测效果大大降低;但它在高 SNR 时具有更好的多目标检测性能,这也与前面的讨论一致。另外需要指出,和传统的虚警概率与检测概率的关系不同的是,由于该仿真是通过增大海杂波的出现密度来提高虚警概率(这事实上是降低了 SCR),所以我们在图 5.12(b)中发现当虚警概率增大时,WSM 方法的多目标检测概率没有增加反而减小了,这是基于我们的仿真机理出现的合理现象,并且对于其他两种方法也存在类似的结果。

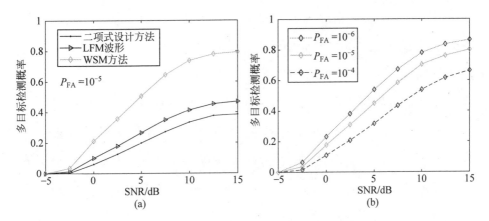

图 5.12　海杂波情况下多目标检测概率结果:(a)虚警概率 $P_{FA} = 10^{-5}$ 时二项式设计方法、LFM 波形和 WSM 方法在不同 SNR 下的多目标检测概率比较;(b)WSM 方法在不同虚警概率下的多目标检测概率曲线

5.3　分布式多基地雷达中的互补波形组目标检测

　　分布式多基地雷达作为 MIMO 雷达的一种类型,在目标检测、目标跟踪等领域已得到了广泛的应用。目前已有研究利用分布式多基地超宽带(ultra-wideband,UWB)雷达来提高寻找灾难场景中,如碎石下的受困者的性能[21-23]。此外,分布式多基地雷达在多人目标检测与跟踪[24-25]、室内跟踪[26]等问题上也取得了丰富的研究成果。对于分布式多基地雷达来说,能在各天线的接收端实现高 SNR 的一个重要条件是每个天线发射信号的回波都可以被正确区分,否则会产生由信号串扰引起的交叉项,降低接收端 SNR。传统的波形方案,如 LFM 波形、OFDM 波形等通常都是通过在对天线中的信号调制不同的载频来减少信号串扰,以保持其匹配滤波后的 SNR[27-28],此时雷达系统将需要占用较宽的频段范围。在绪论和 4.3 节已经介绍的文献[29-32]将互补波形组作为一种可选择的发射波形方案用在了MIMO 雷达上,为其设计了旁瓣抑制方法。上述文献都主要聚焦于收发共置的 MIMO 雷达,并认为在远场条件下,每个天线接收到的目标时延和多普勒是一致的。但是对于分布式多基地雷达,这两个参数对于每个天线来说显然不同。

　　因此,本节我们重点讨论互补波形组在分布式多基地雷达中的目标检测效果。首先建立了基于互补波形组的分布式多基地雷达系统模型,然后分析了信号载频和初始相位对雷达回波中的旁瓣抑制性能的影响,并通过若干组多目标仿真实验进行了验证。

5.3.1　基于互补波形组的分布式多基地雷达 系统模型

为简单起见,我们考虑一个静止点目标的检测场景。分布式多基地雷达系统包含天线 $1,2,\cdots,m,\cdots,M$ 共 M 个天线,每个天线均发射 N 个脉冲。设一个如式(5.22)所示的互补波形组矩阵

$$\Delta' = \begin{bmatrix} a_{11} & a_{12} & \cdots & a_{1N} \\ a_{21} & a_{22} & \cdots & a_{2N} \\ \vdots & \vdots & \ddots & \vdots \\ a_{M1} & a_{M2} & \cdots & a_{MN} \end{bmatrix} \tag{5.22}$$

那么,基于互补波形组的分布式多基地雷达系统模型示意图如图 5.13 所示。

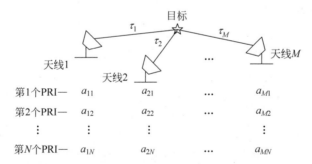

图 5.13　基于互补波形组的分布式多基地雷达系统模型示意图

其中,$\tau_1 \sim \tau_M$ 分别表示场景中的目标到各个天线的时延。第 m 个天线发射在第 $p(p=1,2,\cdots,N)$ 个 PRI 发射经过调制的 a_{mp} 序列可表示为(注意,根据后续讨论可以发现,为了进一步简化系统的复杂度,矩阵 Δ' 的每一列可以相同,即各天线在每个脉冲都固定地发射互补波形组中的同一个序列,这对研究结论不会有影响)

$$a_{mp}(t) = \sum_{l=0}^{L-1} a_{mp}(l)\Omega(t - lT_c) \tag{5.23}$$

并且同时接收所有天线发射的信号的回波,即经过不同时延的回波序列$[a_{1p}, a_{2p}, \cdots, a_{Mp}]$。

设天线 m 中信号的载频为 f_{c_m},并具有一个初始相位 ϕ_m,那么经过调制后的 $a_{mp}(t)$ 即为 $a_{mp}(t)\exp[j2\pi f_{c_m}(t + \phi_m)]$。接下来,天线 m 在第 p 个 PRI 接收到的回波信号为

$$y_{mp}(t) = \sum_{i=1}^{M} a_{ip}\left(t - \frac{\tau_i + \tau_m}{2}\right)\exp\left[j2\pi f_{c_i}\left(t - \frac{\tau_i + \tau_m}{2} + \phi_i\right)\right]$$

$$\tag{5.24}$$

对该信号用 $\exp[j2\pi f_{c_m}(t + \phi_m)]$ 进行解调,然后与 $a_{mp}(t)$ 进行匹配滤波,得到匹配滤波后的输出为

$$z_{mp}(t) = y_{mp}(t)\exp[-j2\pi f_{c_m}(t + \phi_m)]a_{mp}^*(t) \tag{5.25}$$

然后对所有 PRI 的结果进行相加,得到天线 m 获得的最终信号,即目标的距离像为

$$z_m(t) = \sum_{p=1}^{N} y_{mp}(t)\exp[-j2\pi f_{c_m}(t + \phi_m)]a_{mp}^*(t)$$

$$= \sum_{p=1}^{N}\sum_{i=1}^{M}\left\{\begin{array}{l} a_{ip}\left(t - \dfrac{\tau_i + \tau_m}{2}\right)a_{mp}^*(t) \cdot \\[2mm] \exp\left[j2\pi f_{c_i}\left(t - \dfrac{\tau_i + \tau_m}{2} + \phi_i\right)\right]\exp[-j2\pi f_{c_m}(t + \phi_m)] \end{array}\right\}$$

$$\tag{5.26}$$

5.3.2　信号载频与初始相位对旁瓣抑制性能的影响

对互补波形组设置 $f_{c_m} = f_c$,这时式(5.26)可以进一步推导为

$$z_m(t) = \sum_{i=1}^{M} \sum_{k=-L+1}^{L-1} \left\{ \begin{aligned} &\sum_{p=1}^{N} C_{a_{mp},a_{ip}}(k) C_\Omega\left(t - \frac{\tau_i + \tau_m}{2} - kT_c\right) \cdot \\ &\exp\left[-\mathrm{j}2\pi f_c\left(\frac{\tau_i + \tau_m}{2} + \phi_m - \phi_i\right)\right] \end{aligned} \right\}$$

(5.27)

由

$$\sum_{p=1}^{N} C_{a_{mp},a_{ip}}(k) = \begin{cases} NL\delta(k), & i = m \\ 0, & i \neq m \end{cases}$$

可以发现,根据互补波形组的互补性,各天线不同的初始相位理论上不会对互补波形组的匹配滤波结果造成影响,并且每个天线中的匹配滤波结果都能不受其他天线的信号干扰,输出一个无旁瓣的静止目标距离像。但是还可以发现,当各天线中信号的载频存在很大差异时(即每个天线中的互补波形组序列被差距很大的载频调制时),距离像上将会出现显著旁瓣。

对于 LFM 波形来说,通常各天线在每个 PRI 发射的 LFM 信号调频率相同,但具有不同的载频和初始相位,则接收时需要通过一系列的带通滤波器组分离出从每个天线接收的回波分量,然后对滤波后的回波分量进行相位补偿。设天线 m 在第 p 个 PRI 发射的 LFM 信号为 $b_{mp}(t)\exp[\mathrm{j}2\pi f_{c_m}(t+\phi_m)]$,其中,

$$b_{mp}(t) = \exp\left[\mathrm{j}2\pi f_{c_m}\left(t + \frac{1}{2}k_{\mathrm{LFM}}t^2\right)\right]$$

(5.28)

则天线 m 在第 p 个 PRI 接收到的回波表达式为

$$y'_{mp}(t) = \sum_{i=1}^{M} b_{ip}\left(t - \frac{\tau_i + \tau_m}{2}\right)\exp\left[\mathrm{j}2\pi f_{c_i}\left(t - \frac{\tau_i + \tau_m}{2} + \phi_i\right)\right]$$

(5.29)

通过带通滤波器组后,只留下式(5.29)中载频为 f_{c_m} 的项,并进行相

位补偿,然后与 $b_{mp}(t)$ 进行匹配滤波得到的输出为

$$z'_{mp}(t) = b_{ip}(t - \tau_m)b_{ip}^*(t)\exp[j2\pi f_{c_m}(-\tau_m)] \quad (5.30)$$

同样,对所有 N 个 PRI 的结果进行相加得到天线 m 获得的最终信号,即目标距离像为

$$z'_m(t) = \sum_{p=1}^{N} b_{ip}(t - \tau_m)b_{ip}^*(t)\exp[j2\pi f_{c_m}(-\tau_m)] \quad (5.31)$$

综上可以做出以下 3 点小结:

(1) 理论上,当每个天线中的信号使用相同的载频时,采用互补波形组在各天线中的静止目标距离像不会出现由于天线通道间串扰引起的旁瓣,并且各天线不同的初始相位不会对互补波形组的匹配滤波结果造成影响。

(2) 相比于传统的 LFM 波形,互补波形组可以减少系统占用的频段范围,并且不需要进行天线间的相位补偿。对比式(5.27)和式(5.31)可以发现,在单个脉冲具有相同能量的情况下,互补波形组在每个天线中可以获得来自更多天线信道的积累,因而可以获得SNR 更高的匹配滤波输出;但是互补波形组在发射时为了保证其互补性,有时候需要发射比 LFM 波形更多的脉冲数目。

(3) 互补波形组可以容忍一定的信号载频抖动,但当每个天线中信号的载频抖动过大时,距离像上将会出现显著旁瓣。显然,这种过大的抖动是限制在不超过波形带宽的条件下分析的,若载频的差异大于等于波形带宽,则此时通常称为载频调制,波形在频域上将会具有正交性,此时同样可以抑制天线通道间交叉项带来的干扰。

5.3.3　仿真结果与分析

在本节的仿真中我们考虑一个天线数目为 4 的多基地分布式雷

达系统,并采用式(2.28)的方法生成一个用于发射的 $4 \times 4 \times L$ 的正交互补波形组矩阵 Δ'。仿真所用的全局信号参数如下:雷达带宽为 $B=10\text{MHz}$,采样率 $f_\text{s}=10B$,PRI 为 $T=50\mu\text{s}$,每个天线发射的脉冲数目 $N=4$。所采用的互补波形组的各组二值序列均具有 $L=64$ 位 ± 1 码元,每位码元宽度为 $T_\text{c}=0.1\mu\text{s}$,因此每位码元具有 $f_\text{s} \times T_\text{c}=10$ 个采样点。对比用的 LFM 波形调频率 $k_\text{LFM}=B/(LT_\text{c})$,且单个脉冲的能量与格雷互补波形相等。天线 1~4 在目标检测场景中的位置分别设为 $(0,0)\text{m}$,$(1500,300)\text{m}$,$(2000,1000)\text{m}$ 和 $(1400,800)\text{m}$;场景中还设有一强、一弱两个静止的点目标,其幅度分别为 0dB 和 -20dB,位置分别为 $(700,600)\text{m}$ 和 $(1000,400)\text{m}$。另外,设检测场景中每个天线的接收端均加有一组零均值复高斯白噪声 $E \sim \mathcal{CN}(0,1)$,信噪比为 $\text{SNR}=10\text{dB}$。

我们首先考虑最理想的情况(1):

(1) 对于互补波形组:$f_{c_1}=f_{c_2}=f_{c_3}=f_{c_4}=1\text{GHz}$,$\phi_1=\phi_2=\phi_3=\phi_4=0$;对于 LFM 波形:$f_{c_1}=1\text{GHz}$,$f_{c_2}=1\text{GHz}+10\text{MHz}$,$f_{c_3}=1\text{GHz}+20\text{MHz}$,$f_{c_4}=1\text{GHz}+30\text{MHz}$,$\phi_1=\phi_2=\phi_3=\phi_4=0$;且 LFM 波形的结果为通过了带通滤波器组和相位补偿之后的输出。

此时我们分别画出采用互补波形组与 LFM 波形时各天线的目标距离像,如图 5.14 和图 5.15 所示。可以发现,互补波形组的结果完全没有旁瓣影响,且具有比 LFM 波形的结果更高的 SNR,而 LFM 波形的距离像中明显出现了若干虚假目标。

接下来,为分析信号载频和初始相位对互补波形组的结果的影响,我们讨论情况(2)和(3):

(2) $f_{c_1}=1\text{GHz}+\eta_1$,$f_{c_2}=1\text{GHz}+\eta_2$,$f_{c_3}=1\text{GHz}+\eta_3$,$f_{c_4}=1\text{GHz}+\eta_4$;$\phi_1=0$,$\phi_2=(\pi/5)\text{rad}$,$\phi_3=(\pi/3)\text{rad}$,$\phi_4=(\pi/2)\text{rad}$;其

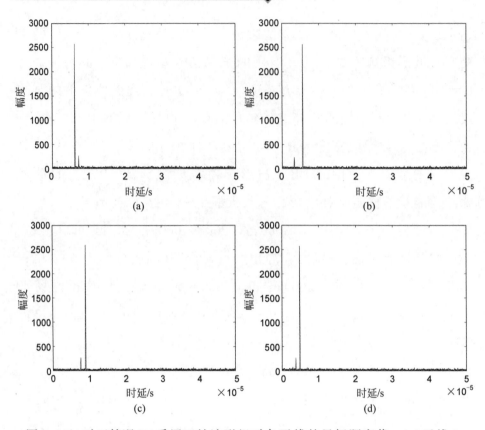

图 5.14　对于情况(1)采用互补波形组时各天线的目标距离像：(a)天线 1；
(b)天线 2；(c)天线 3；(d)天线 4

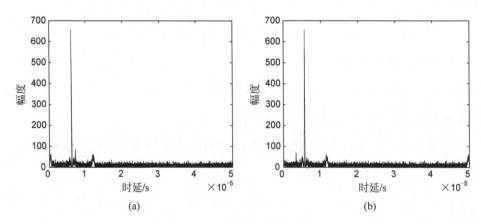

图 5.15　对于情况(1)采用 LFM 波形时各天线的目标距离像：(a)天线 1；
(b)天线 2；(c)天线 3；(d)天线 4

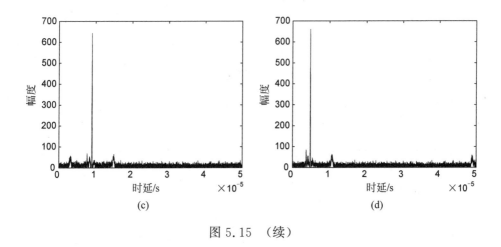

图 5.15　（续）

中随机数 η_1、η_2、η_3 以及 η_4 反映的是由于雷达系统本身或环境引起的各天线实际载频相对于设定值可能的抖动或偏移，并设定其抖动范围为 $[-4\mathrm{kHz}, 4\mathrm{kHz}]^{[33]}$。

（3）$f_{c_1} = 1\mathrm{GHz}$，$f_{c_2} = 1\mathrm{GHz} + 2\mathrm{MHz}$，$f_{c_3} = 1\mathrm{GHz} + 4\mathrm{MHz}$，$f_{c_4} = 1\mathrm{GHz} + 6\mathrm{MHz}$；$\phi_1 = \phi_2 = \phi_3 = \phi_4 = 0$。

画出这两种情况采用互补波形组时各天线的目标距离像，如图 5.16 和图 5.17 所示。图 5.16 表明互补波形组可以不受天线不同初始相位的影响，并容忍一定程度的天线载频抖动；而图 5.17 说明当各天线中信号的载频抖动过大，又没有带通滤波器组对各天线的信号分量进行分离时，互补波形组的匹配滤波结果中会出现显著旁瓣，使弱目标难以被检测。

上述仿真结果验证了前面 3 点小结的论述，说明了互补波形组可以作为分布式多基地雷达的一种可行的发射波形方案，它相比于 LFM 波形能在利用更少的频段范围的情况下获得更高的距离像 SNR。

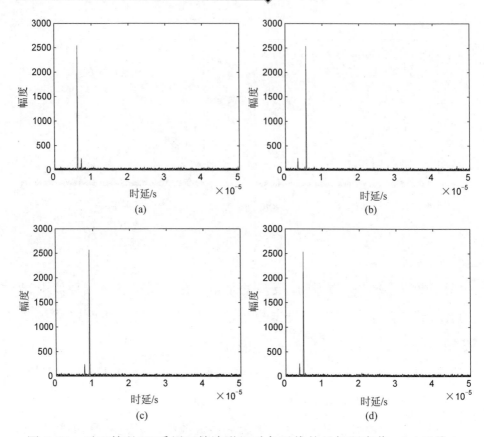

图 5.16　对于情况(2)采用互补波形组时各天线的目标距离像：(a)天线 1；
(b)天线 2；(c)天线 3；(d)天线 4

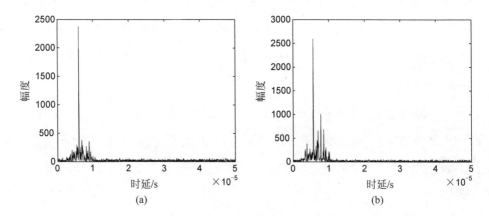

图 5.17　对于情况(3)采用互补波形组时各天线的目标距离像：(a)天线 1；
(b)天线 2；(c)天线 3；(d)天线 4

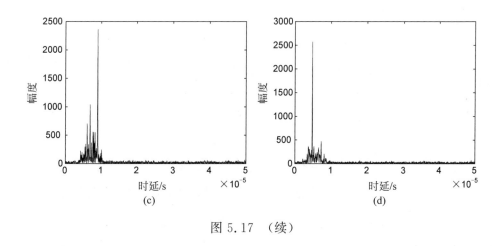

图 5.17 （续）

5.3.4 关于运动目标情况下的问题讨论

前面我们都是考虑的目标在检测场景中静止的情况,这时互补波形组能够很好地利用其互补性在各天线获得高 SNR 的匹配滤波输出。当目标以速度 v 向某个方向匀速运动时,各天线将观测到不同的目标多普勒,此时天线 m 在第 p 个 PRI 接收到的回波信号为(为了方便分析,下面采用相同的天线载频并省略了调制解调过程)

$$y''_{mp}(t) = \sum_{i=1}^{M} a_{ip}\left(t - \frac{\tau_i + \tau_m}{2}\right) \exp\left[j2\pi f_{d_i}\left(t - \frac{\tau_i + \tau_m}{2}\right)\right]$$

$$(5.32)$$

式中, $f_{d_i} = (v_i + v_m)/\lambda$ 为目标的多普勒, v_i 和 v_m 分别表示目标相对于天线 i 和天线 m 的径向速度[34], λ 为各天线发射信号的波长。此时经过匹配滤波后,综合所有 PRI 的最终输出可以表示为

$$z''_m(t) = \sum_{i=1}^{M} \sum_{k=-L+1}^{L-1} \sum_{p=1}^{N} C_{a_{mp},a_{ip}}(k) C_{\Omega}\left(t - \frac{\tau_i + \tau_m}{2} - kT_c\right) \cdot$$

$$\exp\left[j2\pi f_{d_i}\left(t - \frac{\tau_i + \tau_m}{2}\right)\right] \tag{5.33}$$

对比式(5.27)可以发现,虽然目标运动时对各天线的距离像结果不会造成太大影响(因为我们假设了目标在一个 PRI 内是相对天线静止的),但目标速度的引入会造成潜在的多普勒失配,体现在时延-多普勒图像上就会产生显著的距离旁瓣。抑制这些旁瓣需要先对各天线之内和之间的多普勒进行对齐,然后再设计旁瓣抑制方法。鉴于该问题相对较为复杂,本书不做过多讨论,留作一项后续研究工作。

5.4 本章小结

本章研究了两种设想应用场景下互补波形的目标检测性能。首先简化了4.2节研究的格雷互补波形目标检测联合设计方法,并基于该简化方法验证了其对于海杂波情况下的目标检测性能。然后讨论了互补波形组在分布式多基地雷达中的目标检测问题,研究了各天线中信号的不同载频与初始相位对目标距离像的影响。本章的主要研究工作与结论如下:

(1) 验证了简化后的格雷互补波形目标检测联合设计方法在海杂波情况下的有效性,分析了 Swerling Ⅱ 目标的各种振荡对逐点最小值处理输出的结果中目标虚警概率与检测概率的影响,并且发现该简化方法的时延-多普勒图像具有比 LFM 波形更好的时延分辨率与多目标检测概率。

(2) 建立了互补波形组的分布式多基地雷达目标检测模型,并研究发现了互补波形组能够有效抑制天线通道间交叉项和不同初始相位带来的干扰,使之能够在单一载频下进行发射,不仅减小了系统占用的频带范围,而且可以在理论上获得无旁瓣的静止目标距离像;另外,互补波形组可以容忍一定程度的信号载频抖动,但过大的抖动会显著降低距离像中的信噪比。

　　本章研究的内容是基于第 4 章的更深入讨论。通过考虑海杂波和分布式多基地雷达这两种实际应用情景,让我们对互补波形在实际情况下的杂波抑制与目标检测性能有了进一步的了解,可以为后续可能开展的实测数据研究提供理论和仿真结果提供参考。

参考文献

[1]　李东宸. 海杂波中小目标的特征检测方法[D]. 西安:西安电子科技大学,2016.

[2]　丁鹭飞,耿富录. 雷达原理[M]. 3 版. 西安:西安电子科技大学出版社,2006.

[3]　Trunk G V,George S F. Detection of targets in non-Gaussian sea clutter [J]. IEEE Transactions on Aerospace and Electronic Systems,1970,AES-6(5):620-628.

[4]　Trunk G V. Radar properties of non-Rayleigh sea clutter[J]. IEEE Transactions on Aerospace and Electronic Systems,1972,AES-8 (2):196-204.

[5]　Farina A,Gini F,Greco M V, et al. High resolution sea clutter data:statistical analysis of recorded live data[J]. IEE Proceedings-Radar,Sonar and Navigation,1997,144 (3):121-130.

[6]　Conte E,Maio A D, Galdi C. Statistical analysis of real clutter at different range resolutions [J]. IEEE Transactions on Aerospace and Electronic Systems,2004,40 (3):903-918.

[7]　Ulaby F T,Dobson M C. Handbook of radar scattering statistics for

terrain[M]. MA：Artech House,1989.

[8] Kuttikkad S，Chellappa R. Non-Gaussian CFAR techniques for target detection in high resolution SAR images［C］. Proceedings of 1st International Conference on Image Processing. 1994：910-914（Vol. 1）.

[9] Sekine M,Mao Y. Weibull radar clutter[M]. UK：IEEE Press,1990.

[10] Kuruoğlu E E,Zerubia J. Modeling SAR images with a generalization of the Rayleigh distribution［J］. IEEE Transactions on Image Processing,2004,13（4）527-533.

[11] 杨海文. 海杂波建模与实测数据分析[D]. 西安：西安电子科技大学,2011.

[12] Marier L J. Correlated K-distributed clutter generation for radar detection and track[J]. IEEE Transactions on Aerospace and Electronic Systems,1995,31（2）：568-580.

[13] Jao J. Amplitude distribution of composite terrain radar clutter and the K distribution[J]. IEEE Transactions on Antennas and Propagation，1984,32（10）：1049-1062.

[14] Pierce R D. RCS characterization using the alpha-stable distribution［C］. Proceedings of the 1996 IEEE National Radar Conference. 1996：154-159.

[15] Samorodnitsky G,Taqqu M S. Stable non-Gaussian random processes：Stochastic Models with Infinite Variance［M］. NY：Chapman & Hall,1994.

[16] Nikias C L,Shao M. Signal processing with Alpha-Stable distributions and applications[M]. NY：Wiley,1995.

[17] Abramowitz M，Stegun I A. Handbook of mathematical functions[M]. 10th ed. DC：U. S. Government Printing Office,1972.

[18] Gradshteyn S I，Ryzhik I M. Table of integrals，series，and products ［M］. NY：Academic,1965.

[19] Richards M A. Fundamentals of radar signal processing［M］. NY：McGraw-Hill Education,2005.

[20] Kay S M. Fundamentals of statistical signal processing，Vol Ⅱ-Detection Theory[M]. Prentice Hall,1998.

[21] He Y,Aubry P，Chevalier F L,et al. Decentralized tracking for human target in multistatic ultra-wideband radar［J］. IET Radar，Sonar Navigation,2014,8（9）：1215-1223.

[22] Chernyak V. Signal processing in multisite UWB radar devices for searching survivors in rubble[C]. 2006 European Radar Conference. 2006：

190-193.

[23] Nezirovic A, Yarovoy A G, Ligthart L P. Signal processing for improved detection of trapped victims using UWB radar[J]. IEEE Transactions on Geoscience and Remote Sensing, 2010, 48 (4): 2005-2014.

[24] Zhang J, Jin T, He Y, et al. Range-Doppler-based centralized framework for human target tracking in multistatic radar[J]. IET Radar, Sonar Navigation, 2017, 11 (1): 193-203.

[25] Gulmezoglu B, Guldogan M B, Gezici S. Multiperson tracking with a network of ultrawideband radar sensors based on Gaussian mixture PHD filters[J]. IEEE Sensors Journal, 2015, 15 (4): 2227-2237.

[26] Bartoletti S, Conti A, Giorgetti A, et al. Sensor radar networks for indoor tracking[J]. IEEE Wireless Communications Letters, 2014, 3 (2): 157-160.

[27] Majumder U K, Bell M R, Rangaswamy M. A novel approach for designing diversity radar waveforms that are orthogonal on both transmit and receive [C]. 2013 IEEE Radar Conference (RadarCon13). 2013: 1-6.

[28] Wang W Q. Space-time coding MIMO-OFDM SAR for high-resolution imaging[J]. IEEE Transactions on Geoscience and Remote Sensing, 2011, 49 (8): 3094-3104.

[29] Tang J, Zhang N, Ma Z, et al. Construction of Doppler resilient complete complementary code in MIMO radar[J]. IEEE Transactions on Signal Processing, 2014, 62 (18): 4704-4712.

[30] Nguyen H D, Coxson G E. Doppler tolerance, complementary code sets, and generalized Thue-Morse sequences[J]. IET Radar, Sonar & Navigation, 2016, 10 (9): 1603-1610.

[31] Li S F, Chen J, Zhang L Q, et al. Construction of quadri-phase complete complementary pairs applied in MIMO radar systems [C]. 9th International Conference on Signal Processing. 2008: 2298-2301.

[32] Li S F, Chen J, Zhang L Q. Optimisation of complete complementary codes in MIMO radar system[J]. Electronics Letters, 2010, 46 (16): 1157-1159.

[33] Zheng R, Xing J, Lin Z, et al. Oscillator design based on frequency jitter technique[C]. 3rd International Conference on Anti-counterfeiting, Security, and Identification in Communication. 2009: 299-302.

[34] 杜晓林. MIMO 雷达相位编码信号集设计[D]. 西安：西安电子科技大学, 2015.

第6章

若干开放性问题

互补波形在理论上具有自相关函数和冲激函数的优越性质,因而可以有效增大匹配滤波后的信噪比,在不同探测场景和探测任务中合理设计和选择互补波形,能够显著抑制时延-多普勒图像中由于多普勒频移引起的匹配滤波失配带来的旁瓣,提高弱小目标的检测性能。本书针对这一研究目的深入研究了格雷互补波形和互补波形组的基本性质、现有的基于发射端和接收端的设计方法,研究了雷达目标检测互补波形联合设计方法,并构想了两种实际应用场景,初步建立了互补波形设计方法的技术理论体系。鉴于对系统带宽要求较高,目前尚未发现公开报道实际采用这种波形方案的雷达系统,本书更多的是通过理论分析和仿真实验来说明问题,暂时没有可以用于验证的实测数据。考虑到互补波形的理论优势和潜在应用价值,结合已有的研究工作以及该领域的主要研究进展,我们认为互补波形的设计与使用还可以在下述有代表性的若干开放性问题上开展进一步研究:

1. 提高目标多普勒分辨率的互补波形设计方法

本书主要是基于几种现有的格雷互补波形与互补波形组的波形设计方法进行了研究,提高了其旁瓣抑制与目标检测性能。但是目前所做的工作无法获得比标准设计方法更高的多普勒分辨率。由于设计不同的发射顺序与接收端权重可以对目标与旁瓣产生不同影响,我们希望下一步能通过合理设计优化准则和算法,寻找到更好的波形设计方法,在保持目标时延分辨率的同时进一步提升其多普勒分辨率。

2. 高速目标检测性能研究

因为前面在整个雷达照射过程中认为目标保持静止这一假设,本书的研究工作更适合于相对低速目标的分析。当目标运动速度过快时,会在脉冲间产生徙动,从而恶化了互补波形的互补性,这会在一定程度上导致在目标多普勒处出现更高的距离旁瓣。如何在这种情况下提高目标的检测性能也是一个值得继续关注的问题。

3. 互补波形实测数据研究

开展关于互补波形的实测数据研究。由于当前对互补波形的研究更多的是基于仿真计算的探索,因此我们认为在后续研究中,可以先利用现有的实验条件产生时延分辨率不是很高的互补波形(即码元时间宽度较长的窄带互补波形)来初步验证已完成的理论分析的有效性,并针对实际中的问题设计改进方法,以更加贴近实战实用需求。另外,我们期待硬件上可以根据互补波形的性质来优化系统结构,使宽带条件下发射的具有高实验分辨能力的互补波形也能更加接近于理论形状。此外,我们希望利用互补波形的这些理论优势在更多领域,如雷达成像[1]、目标分类与识别[2]等方向进行实测实验研究。

4. 互补波形在其他传播介质中的应用研究

本书目前的研究都是以雷达目标检测为基本场景,讨论以电磁波形式发射的互补波形在空气中的设计问题。将该波形应用到其他传播介质[3],如水、泥沙、岩石等,研究互补波形在水声、地声学等领域的应用前景也是设计方法技术理论体系日后发展的一个重要分支方向。

以上几方面的基本问题具有很深的学术研究价值,若能有所突破将对互补波形在雷达等探测装备中的应用产生重要推动作用,为新时期战场侦察与监视任务的有效开展提供有益借鉴和参考。

参考文献

[1] Ipanov R N. Pulsed signals with zero autocorrelation zone for synthetic-aperture radars [J]. Journal of Communications Technology and Electronics,2020,65:1022-1028.

[2] Qureshi T R,Zoltowski M D,Calderbank R. Target detection in MIMO radar using Golay complementary sequences in the presence of Doppler [C]. 47th Annual Allerton Conference on Communication,Control,and Computing (Allerton). 2009:1490-1493.

[3] Azar O P,Armiri H,Razzazi F. Enhanced target detection using a new combined sonar waveform design[J]. Telecommunication Systems,2021,77:317-334.

逐点最小值处理与逐点相加处理旁瓣抑制性能比较

为了方便比较,我们依旧采用5.2节中相对图4.2更加简化的信号处理流程来进行讨论,但此时不考虑海杂波的影响,并且逐点最小值处理可以被替换为逐点相加处理。

根据简化的信号处理流程,重写逐点最小值处理与逐点相加处理的表达式如下:

$$\begin{cases} \chi_{\text{PMP}}(t, F_{\text{D}}) = \min\{\chi_{3\overline{f}_{\text{d}}}(t, F_{\text{D}}), \chi_{\text{BD}}(t, F_{\text{D}})\} \\ \chi_{\text{PAP}}(t, F_{\text{D}}) = \text{mean}\{\chi_{3\overline{f}_{\text{d}}}(t, F_{\text{D}}), \chi_{\text{BD}}(t, F_{\text{D}})\} \end{cases} \quad (\text{A. 1})$$

其中,$\chi_{\text{PMP}}(t, F_{\text{D}})$ 和 $\chi_{\text{PAP}}(t, F_{\text{D}})$ 分别表示逐点最小值处理和逐点相加处理输出的时延-多普勒图像。

在利用 PPSR 衡量旁瓣抑制性能时,我们可以很明显地预测在理论上逐点最小值处理可以获得比逐点相加处理更高的 PPSR,即更好的旁瓣抑制性能。但是当目标采用 Swerling Ⅱ 模型建模时,尽管逐点最小值处理具有更高的 PPSR,它也会导致目标的有效指示区域变小,而逐点相加处理虽然旁瓣抑制性能稍差,但它的有效指示区域更大,且不会损失目标信息,如图 A.1 所示。事实上,与目标的有效指示区域对应的概念即是目标的时延-多普勒分辨率。目标的有效指示区域越小,则代表其时延-多普勒分辨率越高。但值得指出的是,在采用逐点最小值处理时,目标的有效指示区域越小同时会导致目标的输出幅度越低,这将使目标信息更容易丢失。

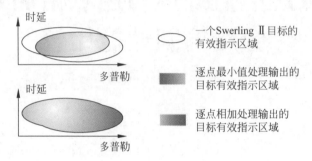

图 A.1　Swerling Ⅱ 目标模型下逐点最小值处理与逐点相加处理输出的目标有效指示区域比较

　　图 A.2 展示了逐点最小值处理与逐点相加处理的模糊函数以及它们的零时延截面。该结果表明逐点相加处理在旁瓣抑制区域与目标主瓣宽度方面可以获得与逐点最小值处理类似的效果。

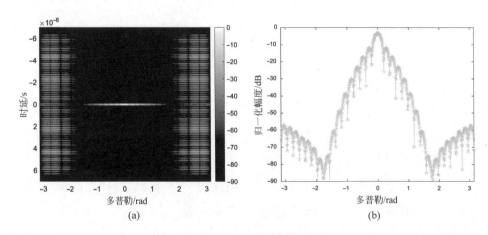

图 A.2　逐点最小值处理与逐点相加处理的模糊函数(第(a)列由上至下)以及它们的零时延截面(第(b)列由上至下)(图中幅度色条的单位为 dB)

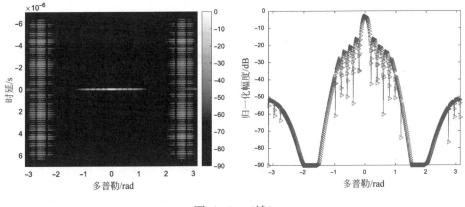

图 A.2　（续）

　　我们进一步比较了两者的 PPSR，如图 A.3 所示。可以发现，在 $[0,\pi]$rad 区间逐点最小值处理的 PPSR 曲线始终高于逐点相加处理，这也验证了之前的预测。但尽管如此，我们仍可以发现逐点相加处理的平均 PPSR 值高于 95dB，并且认为这样的差距已足够从旁瓣中检测出目标。

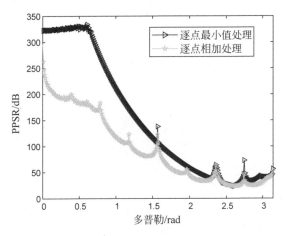

图 A.3　逐点最小值处理与逐点相加处理的 PPSR 比较结果